Die Themen „Wirkung" und „Wirkungsorientierung" werden im gemeinnützigen Sektor viel diskutiert. Organisationen und Projekte möchten mit ihrer Arbeit so viel Positives wie möglich für ihre Zielgruppen erreichen, und gleichzeitig fordern Geldgeber vermehrt Nachweise darüber, welchen Nutzen die von ihnen unterstützten Projekte haben. Die Beschäftigung mit dem Thema Wirkung ist für gemeinnützige Organisationen also aus verschiedenen Gründen wichtig.

Bei unserer Arbeit haben wir viele gemeinnützige Projekte und Organisationen kennengelernt, die mit ihrer Arbeit Großartiges leisten. Sie arbeiten mit viel Wissen, Engagement und Ressourcen unter anderem dafür, dass es Menschen besser geht, die Natur geschützt oder der gesellschaftliche Zusammenhalt in ihrem Stadtteil gestärkt wird. Mit ihrer Arbeit leisten sie damit jeden Tag einen unverzichtbaren Beitrag für die Gesellschaft. Dabei versuchen sie, so viel Wirkung wie möglich zu erzielen. Doch Wirkung tritt nicht von alleine ein, sondern es muss während des gesamten Projektverlaufs darauf geachtet werden, ob das Projekt auf dem richtigen Weg ist, um die gewünschten Wirkungsziele zu erreichen. Vielen Organisationen fehlen allerdings das Wissen und die geeigneten Instrumente, um Wirkungsorientierung systematisch in ihre Projektarbeit zu integrieren. Wirkungsorientierung wird daher oft

als sperrige Aufgabe wahrgenommen, die sich angesichts begrenzter Ressourcen nicht umsetzen lässt.

In unseren Workshops versuchen wir zu zeigen, dass sich Wirkungsorientierung für gemeinnützige Organisationen jeder Größe und jeden Alters eignet, auch wenn nur wenige Mittel dafür zur Verfügung stehen. Auch außerhalb der Workshops wurde deutlich, dass es einen Bedarf nach einer praxisnahen Handreichung zum Thema Wirkungsorientierung gibt. So entstand gemeinsam mit der Bertelsmann Stiftung die Idee für das „Kursbuch Wirkung", das einen Einstieg ins Thema bietet und mit vielen praxisnahen Instrumenten, Tipps und Beispielen dabei hilft, Wirkungsorientierung als festen Bestandteil in den Projektalltag zu integrieren.

Wir würden uns freuen, wenn dieses Kursbuch Ihnen dabei hilft, Ihre Arbeit wirkungsorientiert zu gestalten, und wünschen Ihnen eine interessante und wirkungsvolle Lektüre.

Bettina Kurz

Doreen Kubek

Bettina Kurz

Doreen Kubek

sind verantwortlich für das „Kursbuch Wirkung". Beide sind seit der Gründung 2010 im PHINEO-Team. Die Politikwissenschaftlerin Bettina Kurz war zuvor in zahlreichen Projekten zum Thema Zivilgesellschaft in der Bertelsmann Stiftung tätig. Ihr Arbeitsschwerpunkt liegt auf den Themen Wirkungsanalyse und Qualitätsentwicklung. Doreen Kubek hat Politikwissenschaften studiert und war in Bereichen wie Internationale Politik und Soziale Arbeit tätig. Bei PHINEO gehören Monitoring und Evaluation zu ihren Aufgaben.

Weitere kostenfreie Publikationen von PHINEO finden Sie unter *www.phineo.org/publikationen*

INHALT

Tue erst das Notwendige,
dann das Mögliche, und plötzlich
schaffst du das Unmögliche.

Franz von Assisi (* ca. 1181/1182 – † 1226)

ZUR EINFÜHRUNG

Stellen Sie sich vor, Sie wollen eine Seereise unternehmen. Wie planen Sie Ihre Reise? Zuerst überlegen Sie wahrscheinlich, wo es überhaupt hingehen soll, wen Sie mitnehmen wollen und wie Sie Ihre Passagiere sicher an den Zielort bringen können. Sie müssen entscheiden, welches Schiff und welche Mannschaft Sie dafür brauchen, planen Ihre Route und denken darüber nach, wie viel Proviant Sie mit an Bord nehmen müssen. Nachdem Sie alles Nötige organisiert haben und Passagiere die Reise gebucht haben, kann es losgehen. Unterwegs überprüfen Sie gemeinsam mit Ihrer Mannschaft laufend, ob Sie noch auf dem richtigen Weg sind oder der Kurs angepasst werden muss. Sie sorgen für die Passagiere und sind als Ansprechpartner für sie da. Es wird eine schöne Reise, die Passagiere loben den Service und die Ausstattung Ihres Schiffes. Am Ende der Reise kommen alle wohlbehalten an und gehen zufrieden von Bord. Auch Sie selbst sind mit dem Verlauf der Reise insgesamt zufrieden.

Rückblickend würden Sie aber vielleicht noch einige Dinge anders machen. Vielleicht war einer der Passagiere seekrank und es gab keine entsprechenden Medikamente an Bord, oder ein anderer bekam einen starken Sonnenbrand. Bei der nächsten Reise würden Sie darauf achten, ein Reisemedikament und ausreichend Sonnenschutz dabeizuhaben, um auf verschiedene Wetterlagen und Bedürfnisse Ihrer Passagiere reagieren zu können. Dann wird die Reise sicher noch erfolgreicher. Aber was hat das alles mit diesem Kursbuch und mit dem Thema Wirkungsorientierung zu tun?

1. EINFÜHRUNG INS THEMA

Genau wie Sie bei Ihrer Reise bestrebt sind, dass alles optimal verläuft, versuchen Sie bei der Arbeit in einer gemeinnützigen Organisation, mit Ihren Projekten die größtmögliche Wirkung zu erzielen. Sie stecken viel Ressourcen und Herzblut in die Planung und

Die Wirkungstreppe

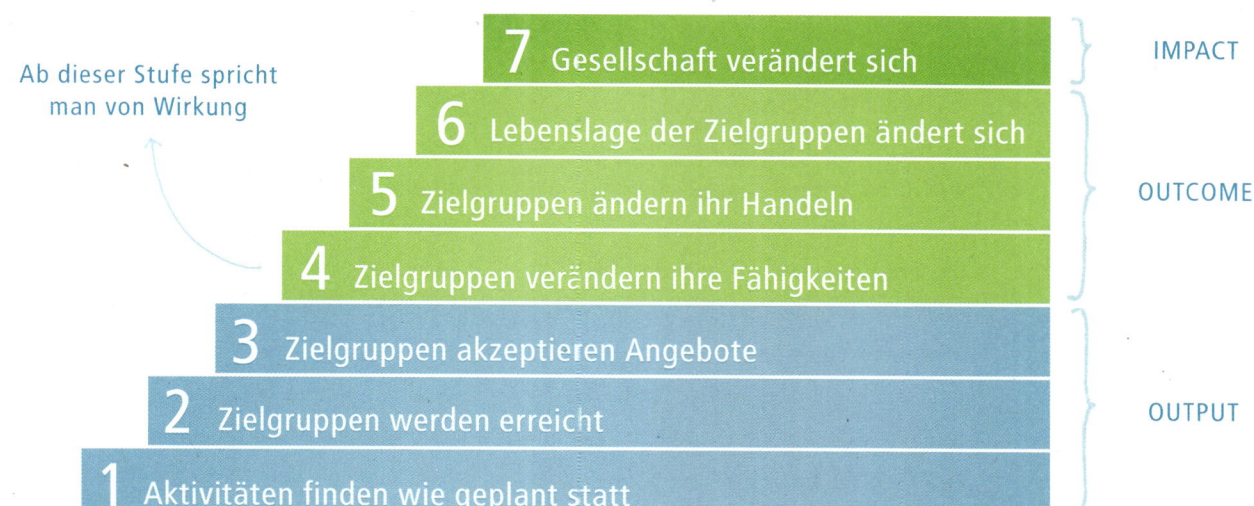

Ab dieser Stufe spricht man von Wirkung

7 Gesellschaft verändert sich — IMPACT

6 Lebenslage der Zielgruppen ändert sich

5 Zielgruppen ändern ihr Handeln — OUTCOME

4 Zielgruppen verändern ihre Fähigkeiten

3 Zielgruppen akzeptieren Angebote

2 Zielgruppen werden erreicht — OUTPUT

1 Aktivitäten finden wie geplant statt

Durchführung Ihrer Projekte und arbeiten tagtäglich mit viel Energie und persönlichem Engagement daran, dass sich Dinge zum Positiven verändern. Sie sorgen unter anderem dafür, dass es benachteiligten Menschen besser geht, Bildung gefördert, die Natur geschützt oder der gemeinschaftliche Zusammenhalt gestärkt wird.

Was bedeutet in diesem Kontext der Begriff „Wirkungsorientierung"? Dazu muss zunächst dargestellt werden, was in diesem Zusammenhang mit dem Begriff „Wirkung" gemeint ist.

Was sind Wirkungen?

Wirkungen sind Veränderungen, die Sie mit Ihrer Arbeit bei Ihren Zielgruppen, deren Lebensumfeld oder der Gesellschaft erreichen. Gesellschaftliche Wirkung wird als Impact, Wirkungen bei den Zielgruppen werden als Outcomes bezeichnet. Bei den Outcomes lassen sich wiederum verschiede-

ne Wirkungsebenen unterscheiden, z.B. die Veränderung von Fähigkeiten, Verhalten oder der Lebenslage der Zielgruppen, wie in der oben stehenden Grafik anhand der „Wirkungstreppe" veranschaulicht ist. Wirkungen treten in Folge von Leistungen, d.h. Angeboten, Maßnahmen oder Produkten ein. Hierbei spricht man von Outputs. Diese sind noch keine Wirkungen, aber eine Voraussetzung, um diese zu erreichen.

Ein Beispiel: Will ein Projekt Jugendlichen dabei helfen, einen Ausbildungsplatz zu bekommen, bestehen seine Leistungen („Outputs") aus durchgeführten Nachhilfestunden und Bewerbungstrainings. Die Durchführung allein oder eine hohe Teilnehmerzahl sagen jedoch nichts über die Wirkung des Projekts aus. Denn die Teilnahme am Projekt bedeutet nicht automatisch, dass sich Veränderungen bei den Jugendlichen eingestellt haben, die ihnen beim Finden eines Ausbildungsplatzes helfen. Die Outputs

sind aber andererseits eine wichtige Voraussetzung, um Wirkungen erzielen zu können. Denn: Würde niemand die Angebote wahrnehmen, könnte man durch dieses Angebot auch keine Veränderung bei den Zielgruppen erreichen. Haben die Jugendlichen durch die Teilnahme an den Bewerbungstrainings etwa relevante Kenntnisse und Fähigkeiten erworben, haben sie Selbstvertrauen aufgebaut und können nun selbstständig gut formulierte Bewerbungen erstellen, so sind dies Wirkungen („Outcomes"), die zum Ziel der Vermittlung in Ausbildung beitragen. Schafft es das Projekt, seine Teilnehmer in Ausbildung zu vermitteln, und trägt dies zu einem allgemeinen Rückgang der Arbeitslosigkeit in der Region, in der es tätig ist, bei, hätte es eine Veränderung auf gesellschaftlicher Ebene („Impact") bewirkt. (vgl. für eine ausführliche Darstellung der verschiedenen Wirkungsstufen → Kap. 3)

Was ist Wirkungsorientierung?

Wirkungsorientierung bedeutet, dass ein Projekt darauf ausgelegt ist, Wirkungen zu erzielen, und es entsprechend geplant und umgesetzt wird. Erwünschte Wirkungen werden als konkrete Ziele formuliert, an denen sich die gesamte Arbeit des Projekts ausrichtet. Für die wirkungsorientierte Arbeit lassen sich drei Kernschritte mit Unterschritten identifizieren, die einen Kreislauf ergeben.

Wirkungsorientiert vorzugehen bedeutet für ein Projekt, dass es zunächst auf die erwünschte Wirkung hin geplant werden muss. Damit beschäftigt sich Teil 1 des Kursbuchs. Um festzustellen, ob das Projekt

auf dem richtigen Weg ist, muss während des Projektverlaufs überprüft werden, ob es sich in Richtung der formulierten Wirkungsziele bewegt. Dies ist die Aufgabe der Wirkungsanalyse (Teil 2 des Kursbuchs). Instrumente der Wirkungsanalyse sind Monitoring und Evaluation. Die Überprüfung von Wirkungen durch Monitoring- und Evaluationsmaßnahmen nimmt eine zentrale Rolle bei der wirkungsorientierten Projektsteuerung ein. Die Ergebnisse der Wirkungsanalyse bilden die Grundlage, um Schlussfolgerungen für die Projektarbeit zu ziehen und gegebenenfalls Verbesserungen zu implementieren. Entsprechend bildet der Themenbereich „Wirkung verbessern" den dritten Kernschritt bei der wirkungsorientierten Arbeit (Teil 3 des Kursbuchs). Anhand der Erkenntnisse aus der Wirkungsanalyse, dem daraus Gelernten sowie den abgeleiteten Verbesserungen kann nun erneut geplant werden, und es beginnt ein neuer Kreislauf.
Die Wirkungsanalyse, das Lernen daraus und das Ableiten von Schlussfolgerungen bilden zudem eine wichtige Grundlage, wenn ein Projekt erweitert oder verbreitet werden soll (Kapitel 10 des Kursbuchs).

Warum ist Wirkungsorientierung wichtig?

Warum sollten Sie wirkungsorientiert arbeiten und Ihre Wirkungen analysieren? Sie wollen mit Ihrer Arbeit die Situation für Ihre Zielgruppen verbessern und den Teilnehmern Ihrer Projekte eine hohe Qualität bieten. Dafür müssen Sie sich genau überlegen, was Sie bei Ihren Zielgruppen erreichen wollen, und überprüfen, ob Sie dies auch tatsächlich tun.

TEIL 3 – WIRKUNG VERBESSERN

TEIL 1 – WIRKUNG PLANEN

TEIL 2 – WIRKUNG ANALYSIEREN

Über Wirkung berichten

Herausforderungen und Bedarfe verstehen

Lernen und anpassen

Wirkungsziele setzen

Daten auswerten und analysieren

Wirkungslogik erarbeiten

Daten erheben

Wirkungsanalyse vorbereiten

Indikatoren entwickeln

9 · 1 · 2 · 3 · 4 · 5 · 6 · 7 · 8

Immer mehr gemeinnützige Organisationen bemühen sich darum, die Resultate und Wirkungen ihrer Projekte zu analysieren und zu belegen. Dies ist jedoch noch nicht gängige Praxis und wird oft als große Herausforderung angesehen. Häufig wird die Beschäftigung mit dem Thema Wirkung zudem eher einseitig im Sinne der Außendarstellung und Legitimation gedacht. Die wesentliche Bedeutung von Wirkungsorientierung liegt aber im Lernen, in der kontinuierlichen Verbesserung der eigenen Arbeit. Nur wer seine Arbeitsergebnisse, seine Stärken und Schwächen kennt, kann diese Erkenntnisse nutzen, um sich weiterzuentwickeln und seinen Zielen systematisch näherzukommen.

Um nun auf das Eingangsbeispiel der Seereise zurückzukommen: Es ist Ihnen wahrscheinlich gar nicht aufgefallen, aber Sie

Abb. Wirkungsorientierung im Steuerungskreislauf: Die Schritte der wirkungsorientierten Steuerung

vgl. Studie „Wirkungsorientierte Steuerung in Non-Profit-Organisationen – Wirkung und Transparenz schaffen", PHINEO gAG (2013 : 8)

... Ihr Projekt von Anfang an
wirkungsvoll zu gestalten.

... die Ergebnisse Ihrer Arbeit
besser zu kommunizieren.

... Ihre Arbeit gegenüber
Geldgebern zu legitimieren.

**Wirkungs-
analyse
hilft Ihnen
dabei ...**

... festzustellen, was Sie
mit Ihrer Arbeit bewirken.

... Ihre Mitarbeitenden
zu motivieren.

... aus Fehlern
zu lernen.

... die Wirkung Ihrer
Arbeit kontinuierlich
zu verbessern.

haben auf Ihrer Reise auch die verschiedenen Schritte unternommen. Sie haben sich überlegt, wohin Sie wollen und warum, haben die Schifffahrt geplant, durchgeführt und laufend überprüft, ob die Richtung stimmt. Die lobenden Worte der Passagiere haben Sie zur Kenntnis genommen, aber auch gesehen, dass es Dinge gibt, die Sie in Zukunft anders machen würden. Ganz nebenbei haben Sie so eine „Analyse" Ihrer Reise gemacht. Sich Ziele zu setzen, Ergebnisse und Prozesse zu analysieren ist etwas, das wir in unserem Alltag ständig machen. Wir sammeln Informationen, wir bearbeiten sie, geben ihnen eine Bedeutung und handeln entsprechend.

Die wirkungsorientierte Projektarbeit von gemeinnützigen Organisationen ist natürlich komplexer, aber sie folgt im Wesentlichen ebenfalls diesen Schritten. Lassen Sie sich von Herausforderungen nicht abschrecken, sondern sehen Sie sie als Möglichkeit, Ihr Projekt voranzubringen. Die Zeit und der Aufwand, die Sie in ein gut geplantes Projekt und eine durchdachte Wirkungsanalyse stecken, werden sich auf jeden Fall lohnen. Warten Sie nicht darauf, dass Ihnen Berichts- und Nachweispflichten von außen vorgegeben werden, sondern nehmen Sie die Zügel in die Hand und gestalten Sie selbst Ihr Projekt wirkungsorientiert!

Wie kann Ihnen dieses Kursbuch dabei helfen?

2. ÜBER DAS KURSBUCH

Was ist Ziel dieses Kursbuchs?

Das „Kursbuch Wirkung" möchte einen niedrigschwelligen Einstieg in das Thema „Wirkungsorientierung" bieten. Wir möchten Ihnen zeigen, wie Sie mit einfachen Schritten Ihr Projekt wirkungsorientiert planen, umsetzen und Wirkungen analysieren können. Es werden alltagstaugliche Instrumente zur Verfügung gestellt, die Ihnen bei der praktischen Umsetzung von Wirkungsorientierung in Ihrer Projektarbeit helfen und den Austausch zum Thema Wirkungsorientierung innerhalb Ihrer Organisation unterstützen. Vor allem aber möchten wir Sie motivieren, sich mit dem Thema auseinanderzusetzen.

An wen richtet sich das Kursbuch?

Das Kursbuch richtet sich an Projekte, Programme und Organisationen, die sich bisher noch wenig mit dem Thema Wirkungsorientierung und Wirkungsanalyse beschäftigt haben. Und wir möchten zeigen: Auch Organisationen mit geringen Ressourcen für Monitoring und Evaluation können mit einfachen kleinen Schritten die Wirksamkeit ihrer Arbeit überprüfen und die Ergebnisse zum Lernen nutzen.

Wie ist das Praxishandbuch aufgebaut?

Der Aufbau des Handbuchs orientiert sich am vorgestellten wirkungsorientierten Steuerungskreislauf und untergliedert sich in die drei Teile „Wirkung planen", „Wirkung analysieren" und „Wirkung verbessern". Der Schwerpunkt dieses Kursbuchs liegt auf der Wirkungsorientierung im Rahmen der Projektarbeit. Auch wenn organisatorische Prozesse einen entscheidenden Einfluss auf die Wirkung von Projekten haben, sind diese nicht Inhalt des Handbuchs.

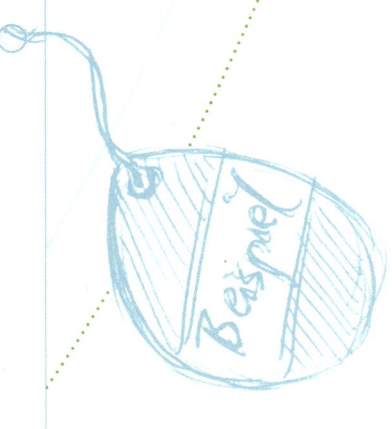

Veranschaulicht wird die Theorie anhand eines fiktiven Patenschaftsprojekts: „PAFF – Paten für Ausbildung und Förderung in Frankfurt" ist ein Patenprojekt in einem Stadtteil von Frankfurt, das seit fast fünf Jahren besteht.

Die Jugendlichen aus dem Stadtteil haben eine deutlich geringere Erfolgsquote, nach dem Schulabschluss einen Ausbildungsplatz zu bekommen, als Jugendliche aus anderen Stadtteilen. Einige haben einen Migrationshintergrund, und bei vielen sind die Schulleistungen nicht ausreichend, um einen qualifizierten Schulabschluss zu erlangen.
Ziel des Projekts ist es, Jugendliche fit für die Ausbildung zu machen und sie beim Schritt ins Arbeitsleben zu unterstützen. Dazu werden sie von ehrenamtlichen Paten begleitet, überwiegend bestehend aus ehemaligen Führungskräften, die mit den Jugendlichen lernen und ihnen mit Rat und Tat zur Seite stehen.
Zusätzlich zu der Begleitung durch Paten bietet PAFF Nachhilfestunden und Bewerbungstrainings an, die von professionellen Kräften durchgeführt werden.
Bislang ist PAFF an zwei Schulen im Stadtteil aktiv. Das Projekt wird durch eine hauptamtliche Projektleitung und ehrenamtliche Paten getragen. Die Paten treffen sich regelmäßig, um sich auszutauschen. Hierfür haben einige Paten die Aufgabe als Patengruppenbetreuer übernommen. Es stehen relativ wenig finanzielle Ressourcen zur Verfügung.

Wer nicht weiß, wohin er segeln will,
für den ist kein Wind der richtige.

Seneca (*4 v.Chr. – † 65 n.Chr.)

Das sind die Inhalte von Teil 1 des Kursbuchs:

 In Kapitel 1 erfahren Sie, wie Sie durch die Bedarfs- und Umfeldanalyse wichtige Informationen über die Bedarfe Ihrer Zielgruppe und das Umfeld Ihres (geplanten) Projekts erhalten, die Ihnen helfen, Ihr Projekt wirkungsorientiert zu planen.

 In Kapitel 2 erfahren Sie, wie Sie auf Basis der Bedarfs- und Umfeldanalyse die Wirkungsziele und den Handlungsansatz des Projekts entwickeln können.

 In Kapitel 3 erfahren Sie, wie Sie den Weg, auf dem die Wirkungsziele erreicht werden sollen, im Rahmen einer „Wirkungslogik" systematisch erarbeiten können.

Ergänzende Materialien – Direktdownload

 Im Anhang zu diesem Praxishandbuch haben wir Ihnen ein Glossar der wichtigsten Begriffe zusammengestellt. Zusätzlich können Sie sich unter *www.phineo.org/publikationen* unser kleines Nachschlagewerk „Social – Deutsch / Deutsch – Social" als kostenloses PDF herunterladen.

WIRKUNG
PLANEN
1

WIRKUNG
ANALYSIEREN
2

WIRKUNG
VERBESSERN
3

Bevor Sie in See stechen, machen Sie sich wahrscheinlich einige Gedanken über Ihre Reise. Dabei werden Sie und Ihre Mannschaft sich unter anderem folgende Fragen stellen:

- Was ist der Grund unserer Reise?
- Welches Ziel möchten wir mit unseren Passagieren erreichen?
- Auf welchem Weg kommen wir dorthin?

Wenn Sie nun statt einer Schiffsreise ein gemeinnütziges Projekt planen, werden die Fragen, die Sie sich stellen, nahezu die gleichen sein. So wie die Planung der Seereise einen großen Einfluss auf den Erfolg der Überfahrt hat, legt die Planungsphase die Basis für eine wirkungsvolle Projektarbeit. Die drei Kapitel in Teil 1 des Kursbuchs folgen daher diesen drei Fragen und erläutern, wie Projekte wirkungsorientiert geplant werden.

Doch was bedeutet dies für bereits bestehende Projekte? Vielleicht sind Sie schon „auf hoher See", also mitten in der Umsetzung Ihres Projekts, haben schon viele Klippen erfolgreich umschifft und viele Passagiere erfolgreich an ihr Ziel gebracht. Macht es auch in diesem Fall Sinn, sich über die wirkungsorientierte Planung Gedanken zu machen? Auf jeden Fall, denn wie auf hoher See das Wetter umschlagen kann oder die Passagiere seekrank werden können, können sich die Rahmenbedingungen für ein Projekt und die Bedarfe der Zielgruppen ändern.

Wenn ein Projekt auch weiterhin erfolgreich arbeiten möchte, muss wie beim Schiff der Kurs, auf dem man unterwegs ist, überdacht und gegebenenfalls angepasst werden. Die Planungsphase bezieht sich also nicht nur auf den Beginn eines Projekts, sondern sollte sich regelmäßig im Projektverlauf wiederholen.

1. HERAUSFORDERUNGEN UND BEDARFE VERSTEHEN

In diesem Kapitel ...

- erfahren Sie, warum eine Analyse der gesellschaftlichen Herausforderung, der Bedarfe der Zielgruppe und des Projektumfelds die Basis für eine wirksame Projektarbeit bildet.
- lernen Sie die für die Bedarfs- und Umfeldanalyse relevanten Aspekte und Fragestellungen kennen.

Wie entscheiden Sie, wie die Seereise gestaltet sein soll, wen Sie mitnehmen und welche Ausrüstung an Bord sein muss? Buchen Sie für die gesamte Gruppe eine Atlantiküberquerung, weil dies nun mal Ihrer Vorstellung einer gelungenen Schiffsreise entspricht? Oder statten Sie alle Passagiere unabhängig von Ihrem Reiseziel und Ihrer Route mit Regenmänteln aus, weil Sie davon gerade eine größere Menge günstig erwerben konnten? Nun, vermutlich läuft die Pla-

nung einer Seereise mit Passagieren doch etwas anders ab. Wahrscheinlich werden Sie überlegen, in welchem Rahmen die Reise stattfinden soll: Ist es eine Kreuzfahrt durch die Karibik mit dem Ziel, sich zu erholen, oder planen Sie eine Expedition mit dem Eisbrecher in die Antarktis? Und mit Blick auf Ihre Passagiere: Wen haben Sie an Bord? Und wie muss die Reise gestaltet sein, dass sie Ihren Passagieren gefällt und diese nicht am erstbesten Hafen von Bord gehen? Sind Ihre Gäste vielleicht etwas nervös, weil dies ihre erste Schiffsreise ist und einige von ihnen nicht schwimmen können? Gibt es Personen, die leicht seekrank werden? Sie sehen: Bei der Planung einer Schiffsreise gilt es also, sowohl den Kontext der Reise im Auge zu haben, als auch die individuellen Bedarfe der Passagiere. Nicht anders ist das bei der Planung und Umsetzung von sozialen Projekten.

Gesellschaftliche
Herausforderungen
und die Situation
vor Ort

Ursachen und
Auswirkungen
des Problems

Perspektiven
der Bedarfs- und
Umfeldanalyse

Zielgruppen und
ihre Bedarfe

Bisherige Angebote und
Förderlücken im Angebot

Stakeholder identifizieren
und einbeziehen

1.1 VOM „BAUCHGEFÜHL" ZUM WISSEN

Warum ist der Blick auf die (Ausgangs-) Situation, die Bedarfe und das Projektumfeld wichtig? Um die erwünschte Wirkung entfalten zu können, müssen Projekte auf die konkrete Situation vor Ort und die Bedarfe der Zielgruppe zugeschnitten sein. Für viele gemeinnützige Organisationen, die schon lange in einem Themenfeld tätig sind, mag diese Erkenntnis ein wenig banal erscheinen. Doch nicht nur für neue, sondern auch für bestehende Projekte ist es sinnvoll, sich mit der Analyse der Bedarfe der Zielgruppe(n) sowie des Projektumfelds zu beschäftigen.

Abb.: Dimensionen der Bedarfsanalyse

Wichtig zu wissen: Die Bedarfs- und Umfeldanalyse hilft Ihnen dabei,

... die Prioritäten in Ihrer Projektarbeit richtig zu setzen.
Die Bedarfs- und Umfeldanalyse dient dazu, festzustellen, ob für ein Projekt überhaupt Bedarf besteht und falls ja, wie dieser genau aussieht. Auf der Grundlage dieser Informationen sollten Organisationen und auch Geldgeber entscheiden, welche Projekte sie aufsetzen, unterstützen oder eben nicht mehr unterstützen.

... der Zielgruppe Ihrer Arbeit ein „maßgeschneidertes" Projekt zur Verfügung zu stellen.
Die Menschen, an die sich soziale Projekte wenden, sollten das Angebot bekommen, das bestmöglich auf ihre Situation und individuellen Bedarfe abgestimmt ist. Ein Programm, das genau auf die Bedarfe der Zielgruppe reagiert, hat gute Chancen, die erwünschte Wirkung zu erzielen.

... die wichtigen Stakeholder zu identifizieren und in Ihre Arbeit einzubeziehen.
Für eine wirkungsorientierte Projektumsetzung ist es entscheidend, dass von Beginn an die wichtigen Stakeholder – also diejenigen Personen, Personengruppen oder Institutionen, die von dem Projekt (positiv oder negativ) betroffen sind und/oder es beeinflussen können – eingebunden werden. Die Bedarfs- und Umfeldanalyse ist der ideale Zeitpunkt, die Stakeholder an Bord zu holen.

Fortsetzung auf S.14

Fortsetzung von S.13

... die Grundlagen für Monitoring und Evaluation zu legen.
Im Rahmen von Monitoring und Evaluation werden die Informationen, die zu Beginn des Projekts erhoben wurden, als Referenzpunkt für die im Projektverlauf erhobenen Daten genutzt.

... Ihre Ressourcen effizient und effektiv einzusetzen.
In der Projektumsetzung trägt eine Bedarfsanalyse dazu bei, die Ressourcen an der richtigen Stelle und in der richtigen Höhe einzusetzen.

... die Qualität der Arbeit in Ihrem Themenfeld und Projektumfeld voranzubringen.
Wenn die erhobenen Informationen mit anderen Akteuren im Umfeld geteilt werden, kann dies auch bei anderen Organisationen zur höheren Wirkungsorientierung ihrer Arbeit führen.

... die Qualität Ihrer Arbeit gegenüber Geldgebern darzustellen.
Es spricht für eine hohe Qualität der Arbeit einer Organisation, wenn sie vor Beginn ihrer Arbeit die Bedarfe ihrer Zielgruppe identifiziert und analysiert. Nutzen Sie daher die Bedarfs- und Umfeldanalyse als Grundlage für die Mittelakquise.

1.2 DIE BEDARFS- UND UMFELDANALYSE IN DER PRAXIS

Aufgabe der Bedarfs- und Umfeldanalyse ist es also, systematisch Informationen zusammenzustellen und zu analysieren, um auf der Grundlage dieser Informationen das Projekt zu planen und umzusetzen.

Wann sollte eine Bedarfs- und Umfeldanalyse durchgeführt werden?

Eine Bedarfs- und Umfeldanalyse bildet nicht nur die Grundlage für die Konzeption eines neuen Projekts, sondern auch für die sinnvolle Weiterentwicklung bestehender Projekte. Nicht selten kommt es im Laufe eines Projekts zu Veränderungen, auf die in der Projektgestaltung reagiert werden muss. Wird zum Beispiel die Zielgruppe größer oder kleiner? Ändern sich ihre Zusammensetzung und damit ihre Bedarfe, weil zum Beispiel die Zahl der Jugendlichen mit Migrationshintergrund im Stadtteil gestiegen ist? Wie entwickeln sich die Faktoren, von denen der Projekterfolg (mit) abhängt, auf die das Projekt selbst aber keinen Einfluss hat (zum Beispiel die Zahl der angebotenen Ausbildungsplätze)? Wie verändert sich das Projektumfeld? Entstehen neue Projekte im Themenfeld? Fallen bisherige Angebote weg?

Zu folgenden Zeitpunkten ist es sinnvoll, eine Bedarfs- und Umfeldanalyse durchzuführen:

- vor Beginn eines Projekts,
- im regelmäßigen Turnus während der Projektumsetzung,
- wenn Daten aus Monitoring und Evaluation darauf hinweisen, dass etwas nicht wie geplant läuft,
- wenn überlegt wird, ob das Projekt an andere Orte verbreitet werden soll,
- wenn innerhalb des bestehenden Projekts zusätzliche Angebote passgenau entwickelt werden sollen, um Lücken zu schließen.

WIRKUNG
PLANEN

1

WIRKUNG
ANALYSIEREN

2

WIRKUNG
VERBESSERN

3

Für wen und zu welchem Zweck soll die Analyse durchgeführt werden?

Das Ziel der Bedarfs- und Umfeldanalyse sollte von Anfang an klar sein, denn obwohl es bei der Analyse immer um die Bedarfe der Zielgruppen und das Projektumfeld geht, kann sich je nach Erkenntnisinteresse der Fokus der Analyse ändern: Wird ein bundesweites Projekt geplant, bei dem der Initiator wissen möchte, wo der erste Standort errichtet werden soll? Möchte eine Förderstiftung wissen, wie die Bedarfslage vor Ort aussieht, um auf dieser Informationsgrundlage ihre Förderentscheidung zu treffen? Möchte eine bestehende Organisation wissen, ob ihr Projekt noch zeitgemäß ist? Ist eine Verbreitung des Projekts an andere Standorte geplant und es soll festgestellt werden, ob und wie das Projekt auch an anderen Standorten seine Wirkung entfalten kann? Will eine neue Initiative vor Ort verstehen, an welcher Stelle es im vorhandenen Projektangebot noch Lücken gibt, die sie schließen könnte? Überlegen Sie daher vor der Analyse, zu welchem Zweck die Analyse durchgeführt wird und wie die gesammelten Informationen genutzt werden sollen, und investieren Sie genügend Zeit in die Erarbeitung der Fragestellungen.

Wie viel Aufwand bedeutet eine Bedarfs- und Umfeldanalyse?

Bei der Bedarfs- und Umfeldanalyse geht es nicht darum, mit hohem Aufwand so viele Informationen wie möglich zu erheben. Sie müssen, zumindest in den meisten Fällen, keine umfangreiche wissenschaftliche Studie in Auftrag geben, bevor Sie Ihr Projekt konzipieren können.
Es geht vielmehr darum, gezielt die Informationen zu sammeln, die notwendig sind, um darauf eine bedarfsorientierte Projektplanung aufzusetzen. Die Höhe des Aufwands ist vor allem davon abhängig, wie schwer es ist, die notwendigen Informationen zu bekommen.

Woher kommen die Informationen?

Grundsätzlich gibt es zwei Möglichkeiten, Informationen für eine Bedarfs- und Umfeldanalyse zu sammeln. Es kann auf bereits vorhandene Daten zurückgegriffen werden. Diese Möglichkeit sollten Sie, wenn Informationen aus zuverlässiger Quelle vorliegen, auf jeden Fall nutzen. Wenn keine Daten existieren oder die bestehenden Informationen nicht ausreichen, müssen neue Daten erhoben werden. Die Möglichkeiten hierzu sind vielfältig und reichen von sehr komplexen wissenschaftlichen Erhebungen bis hin zu Instrumenten, die vom Projektteam selbst auch mit wenig Vorkenntnissen und wenig Ressourcen angewendet werden können. In → *Teil 2* dieses Kursbuchs lernen Sie eine Reihe von Instrumenten der Datenerhebung kennen.

Fragestellungen der Bedarfs- und Umfeldanalyse

Um ein umfassendes Bild von der Ausgangssituation, den Bedarfen vor Ort und dem Projektumfeld zu bekommen, sollten verschiedene Fragestellungen in den Blick genommen werden. Die folgenden Fragen sind für die Bedarfs- und Umfeldanalyse zentral:

1 **Was ist die gesellschaftliche Herausforderung, auf die das Projekt reagieren möchte? Ist diese so groß wie angenommen? Wie stellt sich die Situation vor Ort dar?**

2 **Wer sind die Zielgruppen des Projekts? Was brauchen die Leute?**

3 **Welche Akteure sollten in das Projekt einbezogen werden?**

4 **Welche Angebote gibt es bereits im Umfeld? Welche Ergebnisse haben diese bisher erzielt? Welche Förderlücken sollten geschlossen werden? Wo ergibt sich die** **Möglichkeit zu kooperieren? Wo kann es zu Konkurrenzsituationen kommen?**

5 **Welche Ursachen und Auswirkungen der gesellschaftlichen Herausforderung gibt es, und wie hängen sie zusammen?**

Im Folgenden wird auf diese fünf Fragen im Einzelnen eingegangen und es werden praxisnahe Tipps für ihre Beantwortung gegeben.

Das Ausmaß der gesellschaftlichen Herausforderung und die Situation vor Ort

In einem ersten Schritt ist es sinnvoll, sich einen Überblick über den Umfang der gesellschaftlichen Herausforderung zu verschaffen und zum Beispiel festzustellen, wie viele Personen von dem Problem betroffen sind. Informationen liefern hier zum Teil bereits bestehende Datenquellen. Dazu gehören unter anderem offizielle Statistiken und Erhebungen. Regelmäßig erhobene Daten (z. B. Arbeitslosenzahlen) können zur Einschätzung der aktuellen Situation genutzt werden,

aber auch problematische Entwicklungen und Trends aufzeigen. Oft liegen diese Informationen jedoch nur in stark zusammengefasster Form vor, zum Beispiel als Durchschnittswerte für die Bundesebene. Um Aussagen für kleinere Einheiten wie Städte oder Stadtteile treffen zu können, müssen Daten für die jeweilige Situation vor Ort vorliegen, denn diese kann sich von Ort zu Ort ganz erheblich unterscheiden. Neben der Anzahl der Betroffenen sollten Sie noch weitere Informationen wie demografische Daten und Informationen zur Infrastruktur sammeln, damit Sie sich über den künftigen Projektstandort ein aussagekräftiges Bild machen können.

Zum Teil können die Daten als direkte Antworten auf die Fragestellung genutzt werden, manchmal liefern die vorliegenden Informationen nur Hinweise. So kann beispielsweise die Menge der kostenlos verteilten Schulessen ein Hinweis für die soziale Situation der Kinder im Stadtteil sein. Hier die richtigen und für die eigene Arbeit relevanten Informationen zu bekommen, kann zum Teil eine Herausforderung sein. Sehr hilfreich ist hier der Austausch mit Organisationen, die bereits vor Ort tätig sind.

Projektbeispiel PAFF

Die Initiatoren von PAFF haben bei den ersten Überlegungen für das Projekt unterschiedliche Informationsquellen genutzt. Zum einen verfolgten sie regelmäßig die Entwicklung der Jugendarbeitslosigkeit in Deutschland und in der Region sowie die Situation am regionalen Ausbildungsmarkt. Gleichzeitig informierten sie sich intensiv über die Situation im Stadtteil. Hier konnten sowohl die Schulen als auch die örtlichen Jobcenter sowie das Jugendzentrum im Stadtteil eine Einschätzung der Lage vor Ort abgeben.

Die Analyse der Informationen machte deutlich, dass die Jugendarbeitslosigkeit im Stadtteil überdurchschnittlich hoch ist und gleichzeitig das Ausbildungsplatzangebot aufgrund der strukturellen und konjunkturellen Situation vergleichsweise niedrig ist. Das Jugendzentrum vor Ort konnte weitere Informationen dazu liefern, wie sich diese Situation auf die Lage im Stadtteil auswirkt, die durch hohe Frustration und Perspektivlosigkeit gekennzeichnet ist.

Hier finden Sie Daten und Hintergrundinformationen

Sozialberichterstattung der amtlichen Statistik
Die Sozialberichterstattung der amtlichen Statistik liefert vergleichbare Daten für Bund und Länder aus den Bereichen soziale Mindestsicherung sowie Armut und soziale Ausgrenzung.
www.amtliche-sozialberichterstattung.de

Sozialatlas
Viele der großen Städte (u. a. Berlin, München, Hamburg, Stuttgart) veröffentlichen im Rahmen eines „Sozialatlasses" Daten über die sozialräumlichen Entwicklung in den einzelnen Stadtteilen. Diese lassen sich im Internet finden, wenn man nach dem Schlagwort Sozialatlas und dem Namen der Stadt sucht.

Daten des Statistischen Bundesamts (Destatis)
Das Statistische Bundesamt stellt auf seiner Webseite eine Vielzahl von Daten bereit, unter anderem die Schulstatistik, die Berufsbildungsstatistik, die Kinder- und Jugendhilfe-Statistik und den Mikrozensus, der Daten zur Bevölkerungsstruktur sowie zur wirtschaftlichen und sozialen Lage der Bevölkerung liefert.
www.destatis.de

Statistiken der Bundesagentur für Arbeit
Daten zur Entwicklung des Arbeits- und Ausbildungsmarktes finden sich auf der Webseite der Bundesagentur für Arbeit. *http://statistik.arbeitsagentur.de*

Wegweiser Kommune
Der Wegweiser Kommune stellt für alle Kommunen Deutschlands mit mehr als 5.000 Einwohnern Daten zu den Themen demografischer Wandel, Wirtschaft & Arbeit, Wohnen, Bildung, Finanzen, soziale Lage und Integration sowie eine Bevölkerungsprognose bis 2030 auf Gemeinde- und Kreisebene bereit.
www.wegweiser-kommune.de

Stärken und Potenziale im Blick haben

Situations- und Bedarfsbeschreibungen fokussieren häufig sehr stark auf die Probleme und Defizite, auf die das Projekt mit seiner Arbeit reagiert. Natürlich ist es die Aufgabe von sozialen Projekten, Not zu lindern, Probleme anzupacken und in Situationen tätig zu sein, die oft alles andere als erfreulich sind. Fragen Sie aber auch:

• Wo liegen in einer Situation und bei der Zielgruppe die Potenziale und Entwicklungsmöglichkeiten?

• Wo haben die Teilnehmenden Stärken und Ressourcen, die genutzt werden können?

• Was sind ihre Wünsche und Hoffnungen?

Die positive Sicht auf die Potenziale der Zielgruppe spielt eine wichtige Rolle bei der wirkungsorientierten Projektgestaltung.

Die Zielgruppe(n) und ihre Bedarfe

Die Zielgruppe von Projekten sind Einzelpersonen oder Gruppen (Familien, Teams, Organisationen) zumeist in geografisch eingegrenzten Bereichen wie Städten, Stadtteilen oder Landkreisen. Im Rahmen der Bedarfsanalyse sollten Sie versuchen, die Zielgruppe Ihres Projekts so gut wie möglich einzugrenzen und zu beschreiben. Denn so können Projekte passgenau geplant und umgesetzt werden und die größtmögliche Wirkung erreichen. Bei der Beschreibung der Zielgruppe sollten Sie zum Beispiel folgende Fragen stellen: Wer sind die Mitglieder der Zielgruppe? Wie alt sind sie? Aus welchem Einzugsgebiet (Stadtteil, Landkreis) kommen sie? Wie ist ihre soziale Situation? Welchen Bildungsstatus haben sie? Haben sie einen Migrationshintergrund? Wie ist ihre finanzielle Situation? Welchen Herausforderungen sehen sie sich gegenüber? Wie ist ihre familiäre Situation? Wo liegen ihre Potenziale und Stärken?

Sinnvoll ist die Unterscheidung zwischen der direkten und der indirekten Zielgruppe. Bei der *direkten* Zielgruppe handelt es sich um diejenigen Personen, auf die die Aktivitäten des Programms direkt hinzielen und bei denen die Wirkung erzielt werden soll. Dabei kann es innerhalb der Zielgruppe Unterzielgruppen geben, die eine weitere Ausdifferenzierung des Angebots innerhalb des Projekts sinnvoll bzw. notwendig machen (z. B. Zusatzangebote für Kinder mit speziellen Förderbedarfen). Die *indirekte* Zielgruppe sind die Personen im Umfeld der direkten Zielgruppe. Sie tragen oft zum Erfolg des Projekts

bei der direkten Zielgruppe bei und sollten daher mitberücksichtigt werden. So können zum Beispiel in einem Patenprojekt die Kinder die direkte Zielgruppe und deren Eltern die indirekte Zielgruppe sein.

Die Definition der Zielgruppe sollte nicht so weit gefasst sein, dass es schwerfällt, ein passgenaues Projekt aufzusetzen, aber auch nicht so eng, dass die Beschreibung der Zielgruppe auf kaum jemanden zutrifft (es sei denn, es geht um ein sehr spezialisiertes Projekt). Viele Projekte setzen auf unterschiedlichen Ebenen an und haben dadurch mehr als nur eine Zielgruppe (z. B. ein Projekt, das sich mit seiner Arbeit an Kinder richtet und gleichzeitig Lobbyarbeit für Kinderrechte macht).

Weitere Stakeholder identifizieren und einbeziehen

Soziale Probleme sind meist komplex und werden von verschiedenen Stakeholdern unterschiedlich definiert und eingeschätzt. Die Problemdefinition, die Zieldefinition und die Entwicklung einer Handlungsstrategie für ein Projekt können daher ein komplexer Prozess sein. Für eine erfolgreiche Planung und Umsetzung eines Projekts ist es daher wichtig, die relevanten Personen, Gruppen oder Institutionen von Beginn an mit einzubeziehen. Durch eine Stakeholderanalyse finden Sie heraus, wer die relevanten Stakeholder für Ihr Projekt sind und in welchem Verhältnis sie zu Ihrem Projekt stehen. Welche Erwartungen, Hoffnungen oder Befürchtungen haben sie? Was sind die positiven oder negativen Einflüsse, die sie auf das Projekt haben können?

WIRKUNG
PLANEN

1

WIRKUNG
ANALYSIEREN

2

WIRKUNG
VERBESSERN

3

Projektbeispiel PAFF

Die *direkte* Zielgruppe bei PAFF sind die Jugendlichen, die das Projekt auf ihrem Weg in die Ausbildung begleitet. PAFF wendet sich dabei gezielt an die Schüler der Hauptschule im Stadtteil, bei denen davon auszugehen ist, dass sie ohne individuelle Unterstützung den Schritt in den Beruf nicht schaffen würden. Die Einschätzung der Bedarfe stammt von den Lehrern und der Selbsteinschätzung der Jugendlichen. Die meisten der Jugendlichen stammen aus bildungsfernen Familien, viele von ihnen haben einen Migrationshintergrund. Bewusst hat sich PAFF dafür entschieden, bereits Schüler in der vorletzten Klasse zu betreuen, weil die Erfahrung in anderen Projekten gezeigt hat, dass der Zeitraum des letzten Schuljahrs oft zu kurz ist, um den individuellen Bedarfen gerecht zu werden.

Wichtig für den Projekterfolg von PAFF ist es, dass die Bedarfsanalyse für jeden Teilnehmenden individuell erfolgt. Vor Beginn der Patenschaft werden die individuellen Bedarfe der Jugendlichen detailliert im Rahmen von Gesprächen und Fragebögen erhoben. Gleichzeitig verfolgen die Projektverantwortlichen aber auch, wie sich die Bedarfe der Schüler von Jahrgang zu Jahrgang verändern. So ist in einigen Jahrgängen zum Beispiel der Bedarf an Nachhilfe im Fach Deutsch höher als in anderen. PAFF versucht, mit entsprechenden Angeboten darauf zu reagieren.

Nach Beginn des Projekts wurde schnell deutlich, dass PAFF seine Wirkung nur entfalten kann, wenn die Eltern der Jugendlichen deren Teilnahme am Projekt unterstützen. Daher wurden die Eltern als *indirekte* Zielgruppe identifiziert, und es werden verschiedene Maßnahmen umgesetzt, um sie „mit an Bord" zu haben.

Neben den Zielgruppen sind weitere Stakeholder innerhalb des Projekts die Projektleitung und die Projektmitarbeitenden. Stakeholder außerhalb des Projekts sind Geldgeber, politische Entscheidungsträger, Vertreter der öffentlichen Verwaltung, andere Organisationen, Personen, die von dem Projekt indirekt betroffen sind, Bürgerinitiativen, Vertreter von Interessengruppen und Betroffenenvereinigungen.

Vorlage Stakeholderanalyse:
Die Tabelle auf der folgenden Seite hilft Ihnen dabei, einen Überblick über Ihre Stakeholder zu gewinnen und darüber, welchen Einfluss sie auf Ihr Projekt haben (können). Sie wurde für das Projektbeispiel PAFF beispielhaft ausgefüllt.

Unter *www.phineo.org/publikationen* finden Sie im Download zu diesem Kursbuch ein leeres Template zum Ausfüllen für Ihr eigenes Projekt.

Stakeholder	Auf welche Weise sind diese Personen/Gruppen mit dem Projekt verbunden? Welche Erwartungen haben sie an das Projekt?	Welchen positiven Einfluss können sie auf den Projekterfolg haben? Wo liegen ihre Potenziale?	Welchen negativen Einfluss können sie auf den Projekterfolg haben? Wo liegen ihre Schwächen?	Welche Konsequenzen ergeben sich für das Projekt? Wie soll dieser Stakeholder eingebunden werden?

Zielgruppen

Jugendliche (direkte Zielgruppe)	• 1:1 Patenschaft und Teilnahme an Angeboten des Projekts (Nachhilfe, Bewerbungstraining etc.) • erwarten Unterstützung beim Schritt in die Ausbildung	• zum Teil hohe Motivation, den Schritt in die Ausbildung zu schaffen und Projektangebote zu nutzen • äußern sich gegenüber Dritten positiv über das Projekt	• zum Teil evtl. niedrige Motivation, geringe Frustrationstoleranz kann sich negativ auf Projekterfolg und auf Motivation der Paten auswirken	• regelmäßige Feedback- möglichkeit geben
Eltern (indirekte Zielgruppe)	• müssen der Teilnahme ihrer Kinder am Projekt zustimmen • Im positiven Fall erwarten sie, dass das Projekt ihren Kindern hilft. • Im negativen Fall haben sie keine Erwartungen an das Projekt.	• können ihre Kinder darin bestärken, am Projekt teilzunehmen und sich um ihre berufliche Zukunft zu kümmern	• können die Teilnahme der Kinder am Projekt verhindern • Ihre Haltung zum Projekt kann sich negativ auf die Motivation der Kinder auswirken.	• müssen einbezogen werden, damit sie ein Verständnis für das Projekt entwickeln und die Teilnahme ihrer Kinder fördern oder zumindest nicht behindern

weitere Stakeholder

Paten	• übernehmen die Patenschaft für Schüler • möchten Jugendliche unterstützen • möchten ihre Freizeit sinnvoll durch Ehrenamt gestalten	• sind als Paten zentral an der individuellen Entwicklung der Jugendlichen beteiligt • können weitere Paten anwerben und positiv über das Projekt berichten	• Wenn den Paten die Kompetenzen und die Vorbereitung für ihre Tätigkeit fehlen, kann sich das negativ auf die Jugendlichen und den Projekterfolg auswirken.	• müssen vor Übernahme einer Patenschaft geschult werden • müssen während der Patenschaft Unterstützung und die Möglichkeit zu Austausch und Feedback haben
Lehrer	• schlagen Schüler aus ihrer Klasse für die Teilnahme am Projekt vor • tauschen sich mit Paten über die Jugendlichen aus • erwarten vom Projekt, dass Schüler individuell gefördert werden	• können Schüler motivieren, am Projekt teilzunehmen • können durch ihr Wissen über die Schüler deren individuelle Förderung unterstützen	• Wenn sie nicht vom Projekt über- zeugt sind, stellen sie ihre Unter- stützung ein. • haben wenig Ressourcen, sich für das Projekt zu engagieren	• müssen regelmäßig einbe- zogen werden (durch Paten und Projektleitung)
Geldgeber	• sichern Finanzierungsbedarf des Projekts	• können weitere Finanzierungsmittel zur Verfügung stellen • können positiv über das Projekt berichten	• Streichung oder Kürzung der Unterstützung	• müssen regelmäßig einbezogen und informiert werden
(potenzielle) Ausbildungsbetriebe	• stellen Ausbildungsplätze zur Verfügung	• geben Jugendlichen aus Projekt Ausbildungsplätze • ermöglichen Praktika	• kooperieren nicht	• müssen vom Mehrwert des Projekts überzeugt werden, mit Paten zusammenarbeiten und, wo gewünscht, von der Projektleitung unterstützt werden
andere Organisationen im Themenfeld / vor Ort	• bieten Angebote im gleichen Themenfeld an	• Synergien durch Kooperation	• Konkurrenz	• Austausch in regelmäßigen Abständen bzw. bei Bedarf
Stadtver- waltung	• stellt Büroraum für die Projekt- leitung zur Verfügung	• stellt Ressourcen zur Verfügung • berichtet über das Projekt	• Streichung oder Kürzung der Unterstützung • kein inhaltlicher Einfluss auf das Projekt	• Austausch in regelmäßigen Abständen bzw. bei Bedarf

STAKEHOLDERANALYSE

 © PHINEO gAG 2013, www.phineo.org — Kursbuch Wirkung

Bisherige Angebote und Förderlücken im Umfeld

Kaum ein Projekt findet „auf der grünen Wiese" statt. In sehr vielen Fällen gibt es vor Ort schon Organisationen, die in Ihrem Themenfeld tätig sind. Neben der Erfassung der Bedarfe bei den Zielgruppen sollten Sie auch diese bereits bestehenden Angebote und deren Lösungsansätze in den Blick nehmen. Neue Projekte sollten versuchen, gezielt Förderlücken zu identifizieren und diese zu schließen. Dabei kann es sich sowohl um inhaltliche Lücken als auch um die unzureichende quantitative Abdeckung des Bedarfs handeln. Hier stellt sich die Frage, an welchen Stellen es sinnvoll ist, Kooperationen aufzubauen. Gleichzeitig herrscht aufgrund der hohen Projektdichte an nicht wenigen Stellen auch Konkurrenzdruck zwischen den Organisationen, und es müssen hier individuelle Wege gefunden werden, wie damit sinnvoll umgegangen werden kann.

Auf der Suche nach einem passenden Projektkonzept sollten auch bestehende erfolgreiche Lösungsansätze im Themenfeld („Best Practices") in den Blick genommen werden, und man sollte überlegen, ob das bereits bewährte Konzept (oder Teile davon) sinnvoll an den eigenen Standort übertragen werden kann ($\rightarrow$ Kap. 10).

Ursachen und Auswirkungen des Problems verstehen: der Problembaum

In den meisten Fällen sind soziale Probleme so vielschichtig, dass sich ein Projekt nur mit der Lösung eines seiner Teilaspekte beschäftigen kann. Diese Fokussierung ist sinnvoll, denn so können Ressourcen und Kompetenzen zielgerichtet eingesetzt werden. Für die wirkungsorientierte Steuerung des Projekts ist es jedoch wichtig, das Problem in seiner Komplexität zu erfassen und sich darüber im Klaren zu sein, welchen Einfluss die einzelnen Faktoren eines Problems aufeinander haben. So wird beispielsweise der Erfolg eines Projekts, das Jugendliche auf ihrem Weg von der Schule in die Ausbildung unterstützt, ganz entscheidend davon abhängen, ob in der Region überhaupt Ausbildungsplätze in ausreichender Zahl vorhanden sind. Ein nützliches Werkzeug zur Analyse eines Problems mit

Wann und wie werden die Stakeholder einbezogen?

Versuchen Sie, Ihre Zielgruppen und die weiteren Stakeholder so früh wie möglich in das Projekt einzubeziehen. Das trägt zum einen dazu bei, dass Sie das Wissen und die Erfahrung der Stakeholder sowie die Bedarfe und Wünsche der Zielgruppe in die Projektkonzeption einbeziehen können. Zum anderen identifizieren sich die Stakeholder leichter mit einem Projekt, wenn sie von Anfang an „mit an Bord" sind. Dies steigert auch die Bereitschaft, sich für das Projekt zu engagieren. Geben Sie den Zielgruppen und den weiteren Stakeholdern also eine aktive Rolle sowohl bei der Planung als auch in regelmäßigen Abständen bei der Umsetzung des Projekts. Im Kapitel zur Datenerhebung werden verschiedene Möglichkeiten vorgestellt, wie Sie Ihre Zielgruppe und die Stakeholder systematisch einbeziehen können.

Projektbeispiel PAFF

Die Projektverantwortlichen von PAFF haben sich vor Projektbeginn einen Überblick verschafft, welche berufsvorbereitenden Projekte es für die Schüler der örtlichen Hauptschule bereits gibt. Die Projektverantwortlichen haben dafür im Internet recherchiert und sich mit anderen Organisationen sowie der Schulleitung der Hauptschule im Stadtteil ausgetauscht. Dabei wurde deutlich, dass es bislang an einer individuelle Förderung fehlte, wie PAFF dies mit seinem Patenschaftsmodell tut.

Anregungen für das Projektkonzept holte sich PAFF bei bereits erfolgreich umgesetzten Patenschaftsprojekten. Die Projektverantwortlichen nutzten hier neben dem persönlichen Austausch Leitfäden, die im Internet zur Verfügung stehen, und besuchten einige Konferenzen zum Thema „Unterstützung von Jugendlichen beim Übergang von der Schule in den Beruf".

„Problembaum"

Steigende Sozialausgaben

Soziale Probleme im Stadtteil

Vermehrter Drogenmissbrauch

Hoher Prozentsatz an Sozialleistungsempfängern im Stadtteil

Erhöhte Gewaltbereitschaft

Erhöhte Suchtgefahr

Abwanderung

Psychische Probleme

Prekäre finanzielle Lage der Jugendlichen

Jugendliche haben keine Perspektive

Problem auf gesellschaftlicher Ebene

Hohe Jugendarbeitslosigkeit im Stadtteil

Problem auf Ebene der Zielgruppe

Jugendliche bekommen keinen Ausbildungsplatz

Jugendliche wissen nicht, wie man sich richtig bewirbt

Jugendlichen fehlen die nötigen Sozialkompetenzen

Jugendliche haben keinen oder schlechten Schulabschluss

Wenig Ausbildungsplätze in der Gegend

Es werden keine Bewerbungstrainings angeboten

Mangelnde Erziehungskompetenz der Eltern

Schlechte schulische Leistungen

Geringe Bereitschaft auszubilden

Schließung und Abwanderung von Betrieben

Mangelnde Kapazitäten der Schule, um Jugendliche auf Bewerbungen vorzubereiten

Keine außerschulischen Angebote, um Jugendliche auf Bewerbungen vorzubereiten

Geringe Unterstützung bei schulischen Belangen durch Familien

Keine erschwinglichen Nachhilfeangebote im Stadtteil

Schlechte Erfahrung mit Azubis

schlechte konjunkturelle und strukturelle Lage in der Region

Niedriger Bildungsstand bei den Familien

Familien mit Migrationshintergrund

Keine Unterstützung der Unternehmen bei der Arbeit mit Azubis

Niedriger Stellenwert von Bildung in der Familie

„Lösungsbaum" auf Seite 29

seinen Ursachen und Auswirkungen ist der so genannte „Problembaum". Auf der linken Seite zeigen wir am Projektbeispiel PAFF, wie ein solcher Problembaum entwickelt wird. Die für die Erstellung des Problembaums notwendigen Informationen ergeben sich dabei aus den Daten, die bei der Bedarfs- und Umfeldanalyse gesammelt wurden. Im darauffolgenden Kapitel stellen wir dar, wie auf der Basis des Problembaums der „Lösungsbaum" erarbeitet wird, der eine gute Grundlage für die Entwicklung des Handlungsansatzes und der Ziele des Projekts ist.

Probleme richtig formulieren

Das Kernproblem sollte als eine bestehende negative Situation aus Sicht der Zielgruppe formuliert werden: „Die Jugendlichen finden nach ihrem Schulabschluss keinen Ausbildungsplatz." Ein häufiger Fehler bei der Formulierung von Problemen ist, dass das Problem als ein Fehlen einer bestimmten Lösung ausgedrückt wird, z. B. der Mangel an Ausbildungsplätzen. Solch eine Problemformulierung sollte deswegen vermieden werden, weil sie bereits eine bestimmte Problemlösung vorgibt (in diesem Fall: mehr Ausbildungsplätze zu schaffen), ohne geprüft zu haben, ob dies überhaupt der (einzige) Erfolg versprechende Lösungsweg ist oder ob der Mangel an Ausbildungsplätzen nur eine von mehreren Ursachen des Kernproblems darstellt. Quelle: vgl. VENRO (2002: 9)

So geht´s: Die Erstellung des Problembaums

Schritt 1: Das Kernproblem / die zentrale Herausforderung definieren

Im ersten Schritt sollten Sie fragen, was das „Kernproblem"/die zentrale Herausforderung ist, zu dessen/deren Lösung Ihr Projekt beitragen soll. Hier ist es wichtig, dass Sie mit den beteiligten Stakeholdern Einigkeit darüber erzielen, was das Kernproblem ist. Versuchen Sie, dieses so spezifisch wie möglich zu beschreiben. Das Problem „Hohe Arbeitslosigkeit bei jungen Menschen" kann zu breit sein, um ein spezifisches Projekt dagegen aufzusetzen. Besser wäre hier: „Jugendliche finden nach ihrem Schulabschluss keinen Ausbildungsplatz. Damit ist die Zielgruppe schon etwas eingegrenzt und ein relativ konkreter Zeitraum (zwischen letztem Schuljahr und Beginn der Ausbildung) festgelegt, innerhalb dessen das Projekt ansetzen kann.

Teilnehmende:
Bei der Erarbeitung des Problembaums sollten die relevanten Stakeholder und, falls notwendig, Fachleute einbezogen werden.

Zeitbedarf:
einige Stunden bis ein Tag

Schritt 2: Ursachen und Auswirkungen identifizieren

Im zweiten Schritt erarbeiten Sie die Ursachen und Auswirkungen des Kernproblems. Dabei müssen die einzelnen Ursachen und Auswirkungen als negative Aussagen formuliert werden (z. B. „Jugendliche haben keine ausreichenden Sozialkompetenzen", „wenig Ausbildungsplätze in der Region", „Perspektivlosigkeit", „hohe Gewaltbereitschaft"). Die direkten Ursachen des Kernproblems werden in der Zeile unterhalb des Kernproblems festgehalten. In der Zeile darunter werden die „Ursachen der Ursachen" angebracht. Die direkten Auswirkungen werden in der Reihe oberhalb des Kernproblems festgehalten. Die „Auswirkungen der Auswirkungen" werden in einer zweiten Reihe darüber angebracht. Insofern „wächst" der Problembaum so lange nach oben und unten, bis keine weiteren Ursachen bzw. Auswirkungen identifiziert werden können. Dabei werden das zentrale Problem sowie die Ursachen und Auswirkungen jeweils auf Zetteln (z.B. mit Post-It-Stickern) an die Wand geklebt. Wo es Zusammenhänge zwischen den Ursachen beziehungsweise Auswirkungen gibt, werden diese mittels Querverbindungen dargestellt. Der fertige Problembaum muss nun auf seine logischen Zusammenhänge und möglichen Lücken hin überprüft und gegebenenfalls überarbeitet werden.

Quelle:
http://evaluationtoolbox.net.au

Mit folgender Checkliste können Sie überprüfen, ob Sie die zentralen Fragen der Bedarfs- und Umfeldanalyse beantwortet haben:

	ja	nein	Bemerkung
Wurde das Problem klar definiert?			
Ist vollständig klar geworden, wo die Ursachen des Problems liegen?			
Wurde deutlich, welche Auswirkungen das Problem hat?			
Wurden der Umfang und das Ausmaß des Problems klar?			
Wurde deutlich, wer die Zielgruppe ist?			
Wurde die Situation der Zielgruppe vollständig verstanden?			
Wurden die Bedarfe der Zielgruppe vollständig verstanden?			
Wurden das Problem und die Bedarfe so gut verstanden, dass auf dieser Grundlage das Projekt entwickelt werden kann?			
Wurden Erfahrungen aus früheren Programmen genutzt?			
Wurden die Förderlücken identifiziert?			

2. DIE WIRKUNG IN DEN BLICK NEHMEN – WIRKUNGSZIELE SETZEN

In diesem Kapitel erfahren Sie, ...

- **warum die Zielklärung wichtig für die wirkungsorientierte Planung und Durchführung des Projekts ist.**
- **warum der Unterschied zwischen Aktivitäten und Wirkungen wichtig ist und welche verschiedenen Ebenen von Wirkungszielen es gibt.**
- **wie Wirkungsziele erarbeitet und formuliert werden.**
- **wie aus den verschiedenen Möglichkeiten, die Wirkungsziele zu erreichen, der Handlungsansatz für das Projekt ausgewählt werden kann.**

Würden Sie in See stechen, bevor Sie wissen, wohin die Reise gehen soll? Wenn Sie sich über ihr Ziel erst klarwerden, wenn Sie bereits unter vollen Segeln unterwegs sind, riskieren Sie, dass Sie mit hohem Aufwand den Kurs anpassen und Umwege in Kauf nehmen müssen oder schlimmstenfalls Ihr Ziel überhaupt nicht erreichen. Ob Sie in die Antarktis oder zu einer Südseeinsel segeln wollen, macht einen großen Unterschied für die Planung der Reise und auch deren Umsetzung. Und Sie können die Segel erst dann richtig setzen und die Ausrüstung für die Reise erst dann passend auswählen, wenn Sie wissen, welches Ziel Sie ansteuern wollen und welchen Kurs Sie wählen müssen, um dort hinzugelangen.

Im vorhergehenden Kapitel wurde beschrieben, wie Bedarfe erhoben und analysiert werden. Durch die Bedarfs- und Umfeldanalyse wurde festgestellt, ob das Problem, gegen das sich das Projekt wendet oder wenden möchte, so groß und relevant ist, wie angenommen, und wie es sich genau darstellt. Auf Grundlage dieser Informationen werden die Ziele des Projekts erarbeitet. Hier geht es darum, dass sich die Stakeholder einigen, wohin die „Reise" des Projekts führen soll: Wo wollen wir hin? Was soll für die Zielgruppe(n) erreicht werden? Wann sind

Wichtig zu wissen: Die Auseinandersetzung mit Wirkungszielen hilft Ihnen dabei …

… Orientierung zu gewinnen

Wenn im Rahmen des Planungsprozesses formuliert wurde, was das Projekt bewirken soll, fällt es leichter, das Projekt „auf Kurs" zu halten. Denn wenn Wirkungsziele partizipativ erarbeitet werden, schafft dies bei den Projektbeteiligten ein gemeinsames Verständnis für das Projekt und gibt Orientierung für die Projektarbeit. Wichtig ist das sowohl bei strategischen Entscheidungen als auch in Entscheidungssituationen im Projektalltag.

… die Grundlagen für die Wirkungsanalyse zu legen

Ohne Wirkungsziele sind ein wirkungsorientiertes Monitoring und Evaluation nicht möglich. Die gesetzten Ziele helfen, im Rahmen der Wirkungsanalyse die richtigen Fragen zu stellen und die richtigen Indikatoren zu finden.

… Ihre Mitarbeitenden zu motivieren

Innerhalb des Projekts geben klare und realistische Wirkungsziele den haupt- und ehrenamtlichen Mitarbeitenden und auch den Teilnehmenden Orientierung und Motivation. Denn wenn die „Mannschaft" das Ziel des Projekts kennt und sich damit identifiziert, hilft dies, auch bei „Durststrecken" die Kräfte zu bündeln und „dranzubleiben". Und „Passagiere", die das Ziel der Reise kennen, können sich besser auf die Reise einstellen und aktiv zu deren Gelingen beitragen.

… die Qualität Ihrer Arbeit „nach außen" darzustellen

Die Stakeholder (darunter vor allem auch die Geldgeber) haben ein Interesse daran und ein Recht darauf, zu erfahren, was in dem von ihnen unterstützten Projekt passiert und wofür die zur Verfügung gestellten Mittel verwendet werden. Inspirierende Ziele können dabei helfen, neue Förderer oder ehrenamtliche Mitarbeitende zu gewinnen. Nutzen Sie daher die Wirkungsziele Ihres Projekts für die Öffentlichkeitsarbeit und die Mittelakquise.

Wichtig zu wissen: Ziele in bestehenden Projekten

Die Auseinandersetzung mit den Wirkungszielen ist keine einmalige Aufgabe in der Planungsphase eines Projekts. Auch für bestehende Projekte ist es wichtig, ihre Wirkungsziele regelmäßig zu reflektieren. Denn die Bedarfe der Zielgruppen und das Umfeld des Projekts können sich ändern und es notwendig machen, dass die Ziele hinterfragt und eventuell angepasst werden müssen.

wir mit unserer Arbeit erfolgreich? Und vor allem: Wann hat unsere Arbeit wirklich etwas bei der Zielgruppe bewirkt? Der Fokus bei der Zielfindung liegt also auf den sogenannten „Wirkungszielen". Im darauf folgenden Schritt wird dann festgelegt, auf welchem Weg die Wirkungsziele zu erreichen sind. Dies geschieht durch die Erarbeitung der sogenannten „Wirkungslogik" für das Projekt (→ Kap. 3).

2.1 WIRKUNGSZIELE SETZEN: NOTWENDIG UND NÜTZLICH

Bei einem Projekt verhält es sich ähnlich wie bei der Seereise: Es kann nur dann wirkungsorientiert ausgerichtet und umgesetzt werden, wenn klar ist, „wohin die Reise gehen", beziehungsweise was das Projekt bewirken soll. Die Erkenntnis mag auf den ersten Blick trivial erscheinen. Oft wird stillschweigend davon ausgegangen, dass die Ziele eines Projekts so offensichtlich sind, dass ein Prozess der Zielfindung gar nicht notwendig ist. In der Realität trifft man jedoch häufig auf Projekte, bei denen die Frage nach den Zielen nicht ausreichend geklärt ist.

Die Erarbeitung von Wirkungszielen ist ein sehr wichtiger Schritt im Rahmen der wirkungsorientierten Projektarbeit. Widmen Sie ihm daher besondere Aufmerksamkeit! Denn der Aufwand, der in eine sorgfältige Erarbeitung der Wirkungsziele fließt, wird sich auf jeden Fall im gesamten Projektverlauf auszahlen.

WIRKUNG
PLANEN

1

WIRKUNG
ANALYSIEREN

2

WIRKUNG
VERBESSERN

3

2.2 WIRKUNGSZIELE ERAR-
BEITEN UND FORMULIEREN

Vom Problembaum zum Lösungsbaum

Wirkungsziele lassen sich gut anhand des so
genannten „Lösungsbaums" erarbeiten. Der
Lösungsbaum entsteht, indem die negativen
Aussagen aus dem Problembaum (→ Kap.
1) in positive Aussagen der angestrebten
Situation umgewandelt werden. So wird zum
Beispiel aus „Jugendliche haben keine ausreichenden Sozialkompetenzen" „Jugendliche
haben ausreichende Sozialkompetenzen".
Wenn der Lösungsbaum fertiggestellt
ist, sollte er auf Lücken und Unklarheiten
überprüft werden und gegebenenfalls
überarbeitet werden, wobei hier auch ein
nochmaliger Blick auf den Problembaum
hilfreich sein kann.

Wirkungsziele erarbeiten

Auf Grundlage des Lösungsbaums lassen sich
nun die Wirkungsziele für Ihr Projekt ableiten
und formulieren.
Wenn über Ziele gesprochen wird, werden
oft verschiedene Begriffe genutzt wie zum
Beispiel: Oberziele, Unterziele, Leitziele,
Mittlerziele, Detailziele, Projektziele, gesellschaftliche Ziele etc. Gerade beim Ausfüllen
von Projektanträgen können diese Unterscheidungen sehr relevant sein, und leider
kann Ihnen niemand die Aufgabe abnehmen,
sich durch den „Begriffsdschungel" zu kämp-
fen und für den Einzelfall herauszufinden,
wie die Begriffe im jeweiligen Zusammenhang genutzt werden. Unabhängig von der
verwirrenden Nutzung der Begrifflichkeiten
sind für die Erarbeitung und Darstellung von

Wirkungszielen aber zwei Unterscheidungen
von zentraler Bedeutung:
Zum einen fällt es vielen Organisationen oft
schwer, ihre Wirkungsziele von ihren (geplanten) Aktivitäten abzugrenzen. Zum anderen
ist es wichtig, zwischen den zwei verschiedenen Ebenen der Wirkungsziele, nämlich den
Wirkungszielen auf Ebene der Zielgruppe(n)
und den Wirkungszielen auf gesellschaftlicher Ebene, zu unterscheiden. Beide Unterscheidungen werden im Folgenden erläutert:

Von den Aktivitäten zu den Wirkungen

In der Projektarbeit lag der Fokus lange auf
dem Bereich der Aktivitäten und Leistungen
des Projekts, also dem, „was im Projekt
passiert" beziehungsweise „was das Projekt
tut". Nicht zuletzt deshalb fällt vielen
Projekten die Unterscheidung zwischen den
Aktivitäten (Leistungen) und den Wirkungen,
also dem, „was das Projekt durch seine Aktivitäten (Leistungen) bewirkt", oft schwer.
Gegenüber den Stakeholdern (und hier vor
allem den Geldgebern) wird daher in vielen
Fällen berichtet, welche und wie viele Leistungen das Projekt anbietet, die Aktivitäten
werden beschrieben und in einigen Fällen
die Teilnehmenden gezählt. Es ist richtig und
wichtig, diese Informationen aufzubereiten
und zu kommunizieren. Aus der Sicht der
wirkungsorientierten Projektarbeit fehlt hier
jedoch die Antwort auf die entscheidende
Frage: Welchen Unterschied machen wir mit
unserer Arbeit? Das ist die Frage nach der
Wirkung des Projekts. Nachweise für die Wirkung eines Projekts sind nicht immer leicht
zu finden und zu erheben. Aus diesem Grund
tendieren Organisationen dazu, sich auf die
Beschreibung von Aktivitäten zu konzen-

Stakeholder einbeziehen!

Nur wenn die Stakeholder ein
gemeinsames Verständnis der
Wirkungsziele haben und
diese von allen mitgetragen
werden, kann ein Projekt
dauerhaft wirkungsorientiert
umgesetzt werden.

Bei der Erarbeitung der
Wirkungsziele zu Beginn des
Projekts sowie deren
regelmäßiger Reflexion
während des Projekts sollten
die Stakeholder des Projekts
unbedingt einbezogen
werden! Zum einen bringen
sie Wissen und unterschiedliche Perspektiven ein und
können so zu einer reflektierten und realistischen
Zielsetzung beitragen. Zum
anderen ist es für die
Motivation der Stakeholder
und ihre Identifikation mit
dem Projekt und seinen Zielen
sehr wichtig, dass Ziele nicht
„von oben" gesetzt, sondern
partizipativ erarbeitet
werden. Besonders gilt dies
für die haupt- und ehren-
amtlichen Mitarbeitenden.
Gleichzeitig sollten die
Zielgruppen des Projekts so
stark wie möglich eingebunden werden: Die Ziele sollten
nicht für sie, sondern mit
ihnen erarbeitet werden!

trieren. Doch Organisationen, die mit ihrer Arbeit wirklich einen Unterschied machen wollen, müssen sich mit ihren Wirkungszielen auseinandersetzen. Gut formulierte und klar von den Aktivitäten abgegrenzte Wirkungsziele sind die Grundlage für die wirkungsorientierte Projektumsetzung und -steuerung. Gleichzeitig werden auch im Rahmen von Projektanträgen und Projektberichten zusätzlich zu den Beschreibungen der Aktivitäten und Leistungen immer mehr Informationen über die Wirkungsziele und darüber, ob diese erreicht wurden, verlangt.

Verschiedene Arten von Wirkungszielen

Wenn Sie sich mit den Wirkungszielen Ihres Projekts beschäftigen, sollten Sie sich folgende Fragen stellen:

- Welche Zielgruppe(n) wollen wir erreichen?
- Was soll das Projekt bei der Zielgruppe verändern?
- Zu welchen Zielen auf gesellschaftlicher Ebene soll das Projekt beitragen?

Anhand dieser Fragen wird deutlich, dass sich Wirkungsziele auf unterschiedliche Ebenen beziehen können. Es lassen sich *Wirkungsziele auf Ebene der Zielgruppe* und *Wirkungszielen auf gesellschaftlicher Ebene* unterscheiden.

Wirkungsziele auf Ebene der Zielgruppe beschreiben die erwünschten Wirkungen bei der Zielgruppe des Projekts. Sie beschreiben den Nutzen des Projekts für die Zielgruppe und die Veränderungen, die durch das Projekt bei der Zielgruppe erreicht werden sollen. Wenn ein Wirkungsziel auf Ebene der Zielgruppe

erreicht wurde, so kann dieser Erfolg (zumindest zu einem großen Teil) auf die Leistungen des Projekts zurückgeführt werden.

Wirkungsziele auf gesellschaftlicher Ebene beschreiben die langfristigen Wirkungen, die durch das Projekt (mit) ausgelöst beziehungsweise beeinflusst werden. Wirkungen auf dieser Ebene können in den allermeisten Fällen nicht ausschließlich auf die Leistungen des Projekts zurückgeführt werden, sondern unterliegen verschiedenen Einflussfaktoren. In Bezug auf das einzelne Projekt können Wirkungsziele auf gesellschaftlicher Ebene demnach wie folgt formuliert werden: „Das Projekt trägt dazu bei, dass…". Die Wirkungsziele auf gesellschaftlicher Ebene stehen in engem Zusammenhang mit der Vision der Organisation beziehungsweise des Projekts.

Wirkungsziele formulieren

Nachdem Sie die Wirkungsziele identifiziert haben, formulieren Sie diese so, dass Sie sie in Ihrer wirkungsorientierten Projektarbeit nutzen können. Das bedeutet, dass die Wirkungsziele in eine Form gebracht werden müssen, auf deren Basis Indikatoren entwickelt werden können (→ Kap. 5), welche die Grundlage für die Wirkungsanalyse (→ Kap. 6) bilden.

Bei der Formulierung der Wirkungsziele für die Zielgruppe(n) Ihres Projekts sollten Sie Folgendes beachten:

- Konzentrieren Sie sich an dieser Stelle zunächst auf das zentrale Wirkungsziel Ihres Projekts. Damit ist das Ziel gemeint, auf das

„Lösungsbaum"

Sinkende Sozialausgaben

Wenig soziale Probleme im Stadtteil

Weniger Drogenmissbrauch

Niedriger Prozentsatz an Sozialhilfeempfängern im Stadtteil

Niedrigere Gewaltbereitschaft

Niedrigere Suchtgefahr

Weniger psychische Probleme

Stabilere finanzielle Lage der Jugendlichen

Jugendliche bleiben in der Region

Jugendliche haben Perspektiven

Wirkungsziel auf gesellschaftlicher Ebene

Niedrigere Jugendarbeitslosigkeit im Stadtteil

Wirkungsziel auf Ebene der Zielgruppe

Jugendliche bekommen einen Ausbildungsplatz

Boxen mit **grüner** Kontur: Projektansätze unseres Beispielprojektes „PAFF"

Jugendliche wissen, wie man sich richtig bewirbt

Jugendliche haben die notwendigen Sozialkompetenzen

Jugendliche haben einen bzw. einen besseren Schulabschluss

Mehr Ausbildungsplätze in der Gegend

Es werden Bewerbungstrainings angeboten

Verbesserte Erziehungskompetenz der Eltern

Verbesserte schulische Leistungen

Höhere Bereitschaft, auszubilden

Betriebe bleiben in der Region

Ausreichende Kapazitäten der Schule, um Jugendliche auf Bewerbungen vorzubereiten

Ausserschulische Angebote, um Jugendliche auf Bewerbungen vorzubereiten

Stärkere Unterstützung bei schulischen Belangen durch Familien

Erschwingliche Nachhilfeangebote im Stadtteil

Gute Erfahrung mit Azubis

Bessere konjunktuelle und strukturelle Lage in der Region

Höherer Bildungsstand bei den Familien

Familien mit Migrationshintergrund

Unterstützung der Unternehmen bei der Arbeit mit Aziubis

„Problembaum" auf Seite 22

Höherer Stellenwert von Bildung in der Familie

S	**spezifisch**	Wirkungsziele müssen klar und eindeutig sein. Versuchen Sie daher, die Wirkungsziele so präzise und verständlich wie möglich zu formulieren, sodass sie auch von Dritten verstanden werden können.
M	**messbar**	Wirkungsziele müssen „messbar" sein. Damit ist gemeint, dass festgestellt werden kann, ob die Wirkung eingetreten ist oder nicht.
A	**akzeptiert**	Die Wirkungsziele müssen von den Stakeholdern akzeptiert werden. Das bedeutet, dass ein gemeinsames Verständnis über die Wirkungsziele besteht und dass diese von allen Beteiligten mitgetragen werden.
R	**realistisch**	Es muss möglich sein, die Wirkungsziele zu realisieren. Das bedeutet nicht, dass Sie sich sicher sein müssen, dass Sie dieses Ziel auf jeden Fall erreichen werden, aber es sollte zumindest im Bereich des Möglichen liegen, dass Sie das Wirkungsziel im Rahmen des Projekts erreichen.
T	**terminierbar**	Bei der Zielformulierung ist es in vielen Fällen schwierig, einen festen Zeitpunkt zu definieren, an dem das Ziel erreicht sein „muss". Dem Wirkungsziel sollte aber zumindest ein Zeitrahmen zugeordnet werden, bis wann es erreicht sein sollte. Denn ob die Wirkung während des Projekts oder erst viel später eintreten soll/kann, macht zum Beispiel für die Wahl des Zeitpunkts der Wirkungsanalyse einen wichtigen Unterschied. Ein Zeitrahmen bietet hier Orientierung.

Abb. oben: Die SMART-Kriterien sind hilfreich für die gute Formulierung von Wirkungszielen.

Sie hinarbeiten, das heißt die Veränderung der Lebenslage der Zielgruppen Ihres Projekts, die sie letztendlich erreichen wollen (grüner Kasten im Lösungsbaum). Im nächsten Schritt (→ Kap. 3) werden Sie Ziele für die verschiedenen Stufen der Wirkungslogik formulieren, die notwendig sind, um zu eben diesem Wirkungsziel zu gelangen.

• Nennen Sie die Zielgruppe, bei der die Wirkung eintreten soll, am besten gleich zu Beginn des Satzes.

• Nutzen Sie bei der Formulierung Verben, um zu beschreiben, wie sich die Lebenslage der Zielgruppe verändert hat, wenn die erwünschte Wirkung eingetreten ist. Folgende Fragen können Ihnen bei der Formulierung helfen: Welche neuen Möglichkeiten haben die Personen der Zielgruppe, die am Projekt teilnehmen? Wie hat sich die soziale und/oder die finanzielle Situation oder die Lebenslage der Teilnehmenden verändert?

• Obwohl es sich bei dem Ziel eigentlich um einen „Soll-Zustand" handelt, der erst erreicht werden muss, sollte das Ziel als positiver „Ist-Zustand" formuliert werden, in dem die erwünschte Wirkung bereits eingetreten ist.

• Die Wirkungsziele sollten „positiv" formuliert werden, das heißt, sie sollen beschreiben, welcher erwünschte Zustand erreicht werden soll. Vermeiden Sie bei der Formulierung Verneinungen, da dadurch die Aufmerksamkeit eher auf die negative Situation gelenkt wird, statt sie auf einen positiven Zielzustand zu fokussieren und positive Energien für die Projektarbeit freizusetzen. Statt: „Die teilnehmenden Schüler sind nach ihrem Schulabschluss nicht arbeitslos" wäre die bessere Formulierung: „Die teilnehmenden Schüler finden nach ihrem Schulabschluss einen Ausbildungsplatz."

Als Wirkungsziel auf Ebene der Lebenslage der Zielgruppe hat PAFF formuliert:

„Die teilnehmenden Jugendlichen haben spätestens ein halbes Jahr nach ihrem Schulabschluss einen Ausbildungsplatz gefunden."

Bei der Formulierung der Wirkungsziele auf gesellschaftlicher Ebene sollten Sie Folgendes beachten:

Die Wirkungsziele auf gesellschaftlicher Ebene, zu denen das Projekt einen Beitrag leistet, sind meist abstrakter formuliert als Wirkungsziele auf der Ebene der Zielgruppe. Statt den Fokus auf die Zielgruppe zu legen, beziehen sie sich auf die „Gesamtgesellschaft" beziehungsweise auf einen Ausschnitt der Gesellschaft, zum Beispiel die Bevölkerung in einer bestimmten Region. Die angestrebten Veränderungen hängen meist von vielen verschiedenen Faktoren ab und sind oft von langfristiger Natur. Daher ist es aus Sicht des Projekts meist nicht sinnvoll, einen Zeitrahmen zu formulieren, innerhalb dessen diese Ziele erreicht werden sollen. Wirkungsziele auf gesellschaftlicher Ebene lassen sich erarbeiten, indem das identifizierte gesellschaftliche Problem in eine positive Aussage umgewandelt wird: Wenn das identifizierte gesellschaftliche Problem nicht mehr existieren würde, wie würde sich die Situation darstellen?

2.3. DEN RICHTIGEN HANDLUNGSANSATZ FÜR DAS PROJEKT WÄHLEN

Nachdem Sie sich bei der Planung Ihrer Seereise auf ein Reiseziel geeinigt haben, stellt sich die Frage, wie Sie dorthin kommen. Wahrscheinlich gibt es mehrere mögliche Reiserouten, und es gilt nun, diejenige zu finden, deren Verlauf Ihren gemeinsamen Ideen für die Reise am besten entspricht und die mit größtmöglicher Sicherheit ans Ziel führt. Kriterien für die Auswahl der Route sind zum einen Ihre Vorstellung davon, wie die Reise

gestaltet sein soll, und zum anderen die bestehenden äußeren Rahmenbedingungen für die Reise und die Ausrüstung Ihres Schiffes sowie die Erfahrung Ihrer Mannschaft. Analog zum Seefahrerbeispiel kommt es bei Ihrer Projektplanung nun darauf an, den „Weg" zu den Wirkungszielen festzulegen. Die Zusammenhänge innerhalb des Lösungsbaums bieten einen Überblick und zeigen verschiedene mögliche Handlungsoptionen auf. Auf dieser Grundlage lässt sich der passende Handlungsansatz für das Projekt auswählen. Wie auch bei den Wirkungszielen haben hier die Vision und die Mission des Projekts beziehungsweise der Organisation einen entscheidenden Einfluss auf die Auswahl. Weitere Kriterien, die berücksichtigt werden müssen, sind bereits vorhandene Kompetenzen und Erfahrungen im Team, die erwarteten Kosten im Verhältnis zu den zur Verfügung stehenden Ressourcen und die Wahrscheinlichkeit, mit dem der Handlungsansatz die erwünschte Wirkung erzielen wird.

Wichtig zu wissen:

Wie auch die Auseinandersetzung mit den Wirkungszielen ist die Auseinandersetzung mit dem Handlungsansatz des Projekts keine einmalige Aufgabe in der Planungsphase eines Projekts.

Auch für bestehende Projekte ist es wichtig, ihren Handlungsansatz regelmäßig zu hinterfragen und, wo notwendig, anzupassen.

Als Wirkungsziel auf Ebene der Gesellschaft hat PAFF formuliert:

„PAFF trägt mit seiner Arbeit zur Verringerung der Jugendarbeitslosigkeit im Stadtteil X von Frankfurt bei."

Checkliste für die Formulierung von Wirkungszielen

	ja	nein	Bemerkung
Statt Aktivitäten / Leistungen zu beschreiben, wird benannt, welche Wirkungen durch die Aktivitäten / Leistungen bei der Zielgruppe ausgelöst werden sollen.			
In der Formulierung des Wirkungsziels wird deutlich, bei wem die erwünschte Wirkung eintreten soll.			
Das Wirkungsziel beschreibt einen erwünschten Zustand in der Zukunft.			
Das Wirkungsziel ist so formuliert, dass man sich die Veränderung konkret vorstellen kann.			
Das Wirkungsziel ist positiv formuliert.			
Ein Zeitrahmen, in dem das Ziel erreicht werden soll, ist angegeben oder zumindest eingegrenzt.			
Es lässt sich überprüfen, ob das Ziel erreicht wurde.			
Das Wirkungsziel zu erreichen stellt für uns eine positive Herausforderung dar. Das heißt, dass wir uns aktiv dafür einsetzen müssen, es gleichzeitig aber realistisch ist, dass wir das Ziel erreichen können.			
Bei der Erarbeitung der Wirkungsziele wurden die Stakeholder einbezogen, und die Wirkungsziele werden von allen Beteiligten akzeptiert und mitgetragen.			
Die Wirkungsziele und der Handlungsansatz unseres Projekts stehen im Einklang mit unserer Vision und Mission.			
Unsere Wirkungsziele motivieren uns bei unserer Arbeit.			

PAFF Projektbeispiel

Im Lösungsbaum auf
→ Seite 29 ist der Handlungsansatz von PAFF farblich hervorgehoben.

PAFF setzt direkt bei den Jugendlichen an und versucht, durch die Verbesserung der schulischen Leistungen, der Sozialkompetenzen und der Bewerbungskompetenzen den Jugendlichen den Schritt in die Ausbildung zu erleichtern.

Alternative Handlungsansätze wären zum Beispiel die Arbeit mit den Eltern, damit diese ihre Kinder besser unterstützen können, oder eine Kampagne bei Unternehmern für mehr Lehrstellen in der Region.

Bei PAFF hat man sich bewusst für diesen Handlungsansatz entschieden, weil zum einen den Projektgründern die direkte Arbeit mit den betroffenen Jugendlichen wichtig ist und man sich zum anderen hiervon die beste und direkteste Wirkung verspricht. Gleichzeitig kennen die Organisatoren viele Personen, die sich gerne als Paten für das Projekt engagieren möchten. Die fachlichen Kompetenzen sind unter anderem deshalb vorhanden, weil ehemalige Lehrer im Projekt mitarbeiten.

Nachdem Sie nun die Wirkungsziele auf gesellschaftlicher Ebene und in Hinblick auf die Lebenslage der Zielgruppe für Ihr Projekt bestimmt und den Handlungsansatz für das Projekt identifiziert haben, gilt es im nächsten Schritt, beide im Rahmen der Wirkungslogik detaillierter auszuarbeiten.

3. AUF DEM WEG ZUR WIRKUNG — DIE WIRKUNGSLOGIK

In diesem Kapitel erfahren Sie, ...

- **was Wirkungslogiken sind und warum sie für die wirkungsorientierte Projektarbeit nützlich sind.**
- **wie eine einfache Wirkungslogik aufgebaut ist und lernen ihre einzelnen Bestandteile kennen.**
- **wie man eine Wirkungslogik erarbeitet.**

Mit Ihren Passagieren und Ihrer Mannschaft haben Sie sich darauf geeinigt, wohin die Reise gehen soll. Mit dem Ziel im Blick geht es nun darum, den besten Weg zu finden, auf dem Sie Ihr Ziel erreichen können. Während Sie bei Ihrer Seereise dafür Seekarten und Ihre Erfahrung als Seefahrer nutzen, helfen Ihnen bei der wirkungsorientierten Planung Ihres Projekts sogenannte „Wirkungslogiken", den erfolgversprechendsten und gleichzeitig machbarsten „Weg zur Wirkung" zu finden.

3.1 WAS SIND WIRKUNGS-LOGIKEN UND WOFÜR WERDEN SIE GENUTZT?

Wirkungslogiken werden seit den 1970er Jahren in den Bereichen der Projektplanung und Evaluation genutzt. Ihre Aufgabe im Rahmen der Projektplanung ist es, die geplanten Wirkungsziele und die zur Erreichung dieser Ziele notwendigen Ressourcen und die Leistungen, die das Projekt erbringt, in eine systematische Beziehung zueinander zu setzen und dadurch das Projekt auf seine Plausibilität und Machbarkeit hin zu überprüfen. Eine Wirkungslogik stellt also dar, wie ein Projekt funktioniert beziehungsweise funktionieren soll. Sie ist eine „Reiseroute" für die Projektarbeit und bietet so eine Grundlage für die Überprüfung, ob das Projekt (noch) auf dem richtigen Weg ist. Damit bildet die Wirkungslogik die Basis für die wirkungsorientierte Projektarbeit und -steuerung.

Wichtig zu wissen: Wirkungslogiken unterstützen Sie ...

... bei der Überprüfung der Wirkungsannahmen für Ihr Projekt

In den allermeisten Fällen haben wir eine Vorstellung davon, wie ein Projekt „funktioniert". Das heißt, wir haben Annahmen darüber, wie ein Projekt mit seiner Arbeit Wirkung erzielt. Oft haben sich diese Annahmen bereits in der Praxis bestätigt. Dennoch lohnt es sich auf jeden Fall, hier einen Schritt zurückzutreten und die Wirkungsannahmen hinter dem Projekt nochmals zu überdenken. Unerlässlich ist dies im Rahmen der Projektplanung, aber auch im laufenden Projekt sollten Sie die Wirkungslogik vor dem Hintergrund der Erfahrungen immer wieder einem „Praxischeck" unterziehen und gegebenenfalls Änderungen vornehmen.

... bei der detaillierten Ausarbeitung von Wirkungszielen:
Entlang der Wirkungslogik lassen sich die Wirkungsziele für die einzelnen Stufen der Wirkungslogik systematisch erarbeiten.

... beim Projektmanagement:
Die Wirkungslogik beschreibt die Zusammenhänge der verschiedenen Stufen auf dem „Weg zur Wirkung" (Inputs, Outputs, Outcomes, Impacts) in ihrer logischen Abfolge. Auf dieser Grundlage kann ein detailliertes Projektmanagement erfolgen.

... bei der Wirkungsanalyse:
Die Wirkungslogik hilft, festzulegen, was Gegenstand bei der Wirkungsanalyse sein soll, die richtigen Fragen zu stellen und die richtigen Indikatoren für die Beantwortung dieser Fragen zu finden.

... beim internen Lernen:
Eine gemeinsam mit den relevanten Stakeholdern erarbeitete Wirkungslogik schafft unter den Projektmitarbeitern ein gemeinsames Verständnis des Projekts und schafft somit eine Grundlage für gemeinsames Lernen.

... bei der Kommunikation nach außen und beim Fundraising:
Eine gut ausgearbeitete Wirkungslogik hilft Ihnen dabei, Ihr Projekt gegenüber Geldgebern und anderen Stakeholdern überzeugend darzustellen. Sie verdeutlicht, dass die Projektverantwortlichen einen durchdachten Plan für ihr Projekt und für die dazu benötigten Ressourcen haben.

Vorsicht vor Begriffsverwirrung!

Wie bei den Wirkungszielen trifft man auch bei den Wirkungslogiken auf eine große Vielfalt der Begriffe, die – ebenfalls – nicht einheitlich verwendet werden. Im Kursbuch Wirkung werden die englischen Begriffe „Inputs", „Outputs", „Outcomes" und „Impacts" genutzt, weil diese in der Literatur und in den Diskussionen über Wirkungsorientierung sehr häufig verwendet werden. Gleichzeitig werden jeweils die Begriffe angegeben, die im Social Reporting Standard (SRS) genutzt werden (→ Kap. 9).

Als „Übersetzungshilfe" ist folgende Übersicht hilfreich:

(englische) Fachbegriffe	Im SRS verwendete Begriffe
Inputs	Ressourcen
Outputs	Leistungen
Outcomes	Wirkungen
Impacts	

3.2 DIE WIRKUNGSLOGIK UND IHRE BESTANDTEILE

Wirkungslogiken gibt es in verschiedenen Varianten und unter verschiedenen Namen. Bekannt sind hier vor allem die Begriffe „Programmlogik", „Theory of Change", „Wirkungsketten" oder „Logische Modelle". Gemeinsam ist ihnen ihre Aufgabe, die Funktionsweise eines Projekts schematisch und in vereinfachter Form abzubilden. Im Folgenden wird die Wirkungslogik in Form des sogenannten „Logischen Modells" (im Englischen: logic model) beschrieben. Dabei handelt es sich um eine der am weitesten verbreiteten Versionen der Wirkungslogik,

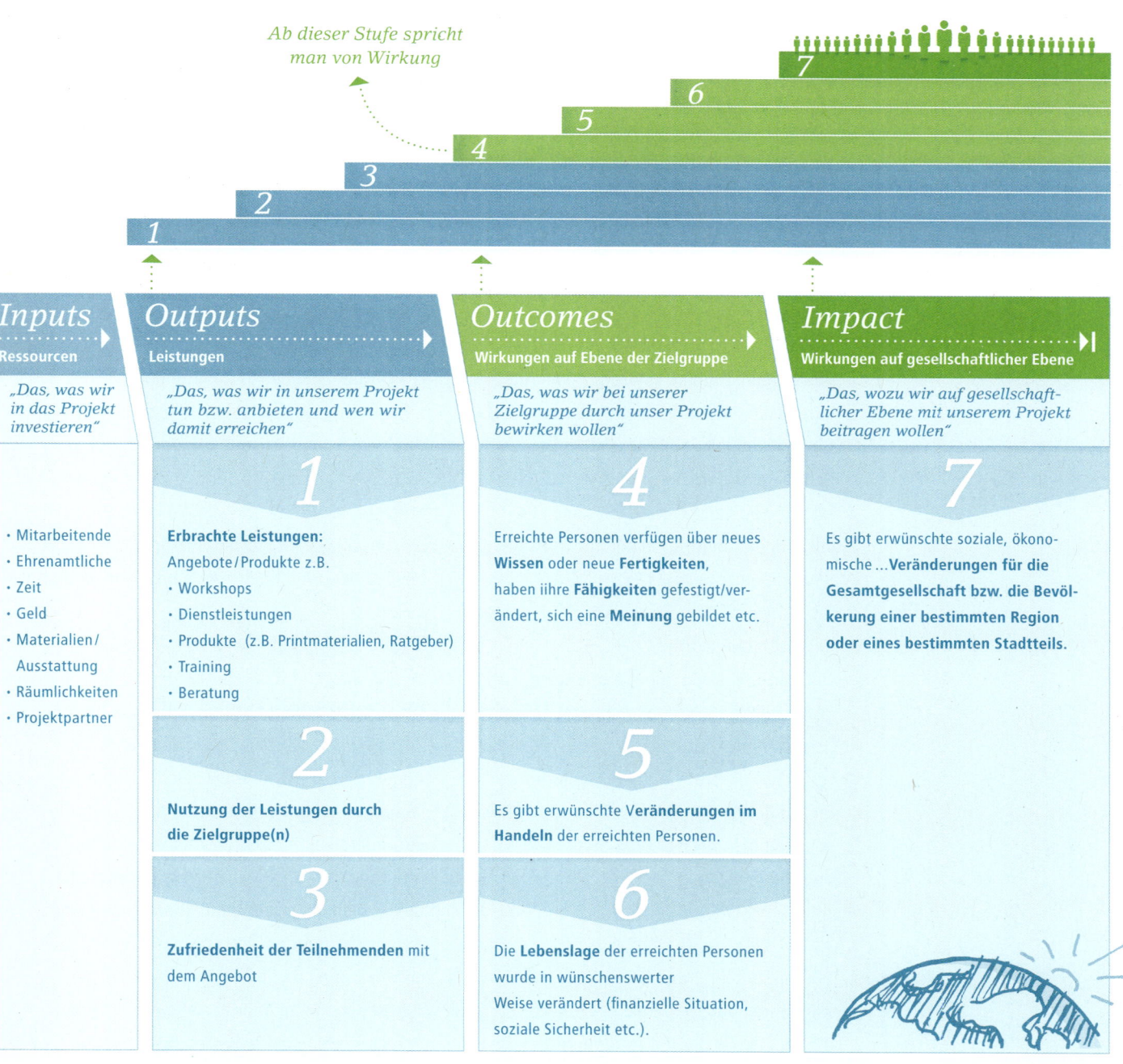

Ab dieser Stufe spricht
man von Wirkung

1 2 3 4 5 6 7

Inputs	Outputs	Outcomes	Impact
Ressourcen ▸	Leistungen ▸	Wirkungen auf Ebene der Zielgruppe ▸	Wirkungen auf gesellschaftlicher Ebene ▸▎
„Das, was wir in das Projekt investieren"	„Das, was wir in unserem Projekt tun bzw. anbieten und wen wir damit erreichen"	„Das, was wir bei unserer Zielgruppe durch unser Projekt bewirken wollen"	„Das, wozu wir auf gesellschaftlicher Ebene mit unserem Projekt beitragen wollen"

1

Erbrachte Leistungen:
Angebote/Produkte z.B.
• Workshops
• Dienstleistungen
• Produkte (z.B. Printmaterialien, Ratgeber)
• Training
• Beratung

2

**Nutzung der Leistungen durch
die Zielgruppe(n)**

3

Zufriedenheit der Teilnehmenden mit
dem Angebot

4

Erreichte Personen verfügen über neues
Wissen oder neue **Fertigkeiten**,
haben iihre **Fähigkeiten** gefestigt/verändert, sich eine **Meinung** gebildet etc.

5

Es gibt erwünschte **Veränderungen im
Handeln** der erreichten Personen.

6

Die **Lebenslage** der erreichten Personen
wurde in wünschenswerter
Weise verändert (finanzielle Situation,
soziale Sicherheit etc.).

7

Es gibt erwünschte soziale, ökonomische ...**Veränderungen für die
Gesamtgesellschaft bzw. die Bevölkerung einer bestimmten Region
oder eines bestimmten Stadtteils.**

Inputs (Ressourcen):
• Mitarbeitende
• Ehrenamtliche
• Zeit
• Geld
• Materialien/Ausstattung
• Räumlichkeiten
• Projektpartner

„Was wir tun"   „Was wir bewirken wollen"

die für die meisten Projekte nutzbar ist. Für das Verständnis der Wirkungslogik ist es wichtig, die einzelnen Bestandteile zu kennen und zu wissen, wie diese zusammenhängen.

Inputs (Ressourcen)

Die Inputs (Ressourcen) umfassen alle Mittel, die notwendig sind, um das Projekt umsetzen zu können. Dazu gehören in erster Linie die hauptamtlichen und ehrenamtlichen Mitarbeitenden und deren Arbeitszeit, die finanziellen Mittel, die Räumlichkeiten und die für die Projektumsetzung benötigte Ausstattung. Für eine realistische Projektplanung müssen hier alle notwendigen Ressourcen aufgelistet werden. In unserem Projektbeispiel sind die Ressourcen die Projektleitung (20 Stunden pro Woche), die 50 ehrenamtli-

Vgl. mit Abbildung „Wirkungstreppe" im Kapitel „Zur Einführung" auf → S.5 dieses Kursbuches chen Paten und 4 Patengruppenbetreuer (pro Person ca. 5 Stunden pro Woche), die finanziellen Mittel, der Raum im Gemeindezentrum, die Materialien für die Nachhilfe und das Bewerbungstraining sowie der Computer, der von der Projektleitung genutzt wird. Da für PAFF die Kooperation mit den Schulen für den Projekterfolg besonders wichtig ist, sind auch die beiden Schulen, mit denen PAFF zusammenarbeitet, Teil der notwendigen Ressourcen.

Outputs (Leistungen)

Die Outputs (Leistungen) umfassen die Angebote und Produkte eines Projekts, also das, was ein Projekt tut beziehungsweise anbietet, sowie die Nutzung der Leistungen durch die Zielgruppe. Dabei lassen sich drei Stufen von Outputs unterscheiden (Stufen 1 – 3 in der Wirkungslogik).

● STUFE 1

Die Outputs auf Stufe 1 sind die (zählbaren) Angebote und Produkte eines Projekts, die der Zielgruppe zur Verfügung gestellt werden. In unserem Projektbeispiel sind die Outputs auf Stufe 1 die geleisteten Paten- und Nachhilfestunden, die durchgeführten Bewerbungstrainings und die erstellten Ratgeber mit Tipps für Berufsanfänger.

● STUFE 2

Nur weil eine Organisation ihre Angebote (Outputs auf Stufe 1) zur Verfügung stellt, bedeutet das noch nicht, dass diese „automatisch" von der Zielgruppe genutzt werden. Daher wird die Nutzung der Angebote und Produkte durch die Zielgruppe auf der Ebene der Outputs auf Stufe 2 erfasst. In unserem Projektbeispiel sind die Outputs auf Stufe 2

die Anzahl der Jugendlichen, die an den verschiedenen Angeboten (Patenschaft, Nachhilfe und Bewerbungstraining) teilnehmen.

Die Outputs auf den Stufen 1 und 2 lassen sich mit den eingesetzten Inputs (Ressourcen) in direkten Zusammenhang bringen, wodurch Aussagen über die effiziente Umsetzung des Projekts möglich werden. So kann bei PAFF beispielsweise festgestellt werden, wie viel das Projekt pro teilnehmendem Jugendlichen kostet.

● STUFE 3

Die Outputs auf Stufe 3 beinhalten die Zufriedenheit der Teilnehmenden mit den Angeboten und den Produkten. In unserem Projektbeispiel sind die Outputs auf Stufe 3 die Zufriedenheit der Jugendlichen mit der Betreuung durch die Paten beziehungsweise mit dem Nachhilfeangebot und übernehmen eine „Scharnierfunktion" zwischen der Teilnahme am Projekt und der Wirkung, die bei der Zielgruppe durch die Teilnahme erzielt wird. Denn erst wenn die Teilnehmenden mit dem Angebot zufrieden sind, das heißt, wenn sie sich gut betreut und ernstgenommen fühlen und wenn sie den Eindruck haben, dass das Angebot für sie nützlich ist, werden sie sich für das Projekt so „öffnen", dass es Entwicklungen bei ihnen anstoßen kann. Durch die Zufriedenheit der Teilnehmenden mit dem Angebot ist die Basis dafür geschaffen, dass die erbrachten Leistungen des Projekts zu einer Wirkung bei den Teilnehmenden führen. Gleichzeitig bedeutet Zufriedenheit jedoch nicht zwangsläufig, dass das Projekt bei den Teilnehmenden die angestrebte Wirkung erzielen wird. Denn es ist gut möglich, dass sich die Teilnehmenden beim Bewerbungstraining von PAFF zwar wohlfühlen und damit zufrieden sind, weil sie zum Beispiel nette Gespräche mit anderen Teilnehmenden führen können, das Essen gut ist und sie in der Zeit nicht in die Schule gehen müssen, aber vom Training selbst keine Inhalte mitnehmen, die sie bei ihren künftigen Bewerbungen unterstützen würden. Die Zufriedenheit der Teilnehmenden ist somit eine notwendige, aber nicht die hinreichende Bedingung für das Erzielen von Wirkungen.

Von den Outputs (Leistungen) zu den Outcomes und Impacts (Wirkungen)

Der Schritt von den Outputs (Leistungen) zu den Outcomes und Impacts (Wirkungen) ist für den Projekterfolg entscheidend. Daher ist die Unterscheidung zwischen diesen Ebenen für die wirkungsorientierte Projektarbeit sehr wichtig. Der Unterschied zwischen den erbrachten Leistungen und Wirkungen lässt sich anhand des Praxisbeispiels PAFF gut verdeutlichen: Die Projektverantwortlichen von PAFF setzen ihr Projekt mit viel Engagement um. Sie initiieren und begleiten die Patenschaften, erstellen Infomaterialien und führen Nachhilfeangebote und Bewerbungstrainings durch. Die Jugendlichen aus den beiden Hauptschulen nutzen diese Angebote. Doch wurde dadurch bereits eine positive Wirkung bei den Teilnehmenden erzielt? Die Outputs (Leistungen) sind die Voraussetzung dafür, dass ein Projekt mit seiner Arbeit Wirkung erzielt. Wirkungen selbst treten jedoch erst auf, wenn sich bei den Jugendlichen positive Veränderungen einstellen, die ihnen schließlich den Schritt in die Ausbildung ermöglichen. Wie schon im Kapitel zu den Wirkungszielen dargestellt, lassen sich Wirkungen auf der Ebene der Zielgruppe (Outcomes) und Wirkungen auf gesellschaftlicher Ebene (Impacts) unterscheiden. Im Folgenden werden beide im Detail dargestellt:

Wirkungen auf Ebene der Zielgruppe (Outcomes)

Outcomes sind die Wirkungen des Projekts auf Ebene der Zielgruppe(n). Sie verdeutlichen, auf welche positiven Veränderungen bei den am Projekt Teilnehmenden das Projekt abzielt. Die Outcomes untergliedern sich dabei in drei Stufen (Stufen 4 – 6 in der Wirkungslogik):

- **STUFE 4**

Die Wirkungen auf Stufe 4 der Wirkungslogik beinhalten die Veränderung auf Ebene des Wissens, der Fertigkeiten und der Einstellungen. So wissen die Jugendlichen in unserem Projektbeispiel nach dem Bewerbungstraining unter anderem, wie wichtig eine gute Bewerbungsmappe für eine erfolgreiche Bewerbung ist und welche Inhalte die Mappe enthalten muss.

- **STUFE 5**

Die Wirkungen auf Stufe 5 der Wirkungslogik bauen auf der vorherigen Outcome-Stufe auf und beschreiben die Veränderungen auf Ebene des Verhaltens und des Handelns der Teilnehmenden. So wissen die Jugendlichen im Projektbeispiel nicht nur um die Wichtigkeit von guten Bewerbungsunterlagen und deren Bestandteilen, sondern sie erstellen diese auch selbstständig.

Damit Sie feststellen können, ob Sie mit Ihrem Projekt auf dem richtigen Weg sind, und um die Wirkung(en) Ihres Projekts differenziert darstellen zu können, ist es wichtig, dass Sie Wirkungsziele für die verschiedenen Outcome-Stufen der Wirkungslogik formulieren. Denn dadurch schaffen Sie die Grundlage, um die Fortschritte der Teilnehmenden nachvollziehen zu können. Wenn sich beispielsweise die Projektverantwortlichen von PAFF als einziges Erfolgskriterium für ihr Projekt anschauen würden, ob und wie viele Ju-gendliche nach Ende der Betreuungsphase einen Ausbildungsplatz gefunden haben, dürften sie ihr Projekt als gescheitert ansehen, wenn ihnen dies nicht oder nicht bei allen Teilnehmenden gelingt. Vielleicht hat die Teilnahme bei PAFF aber bei vielen der Jugendlichen erreicht, dass diese ihre schulischen Defizite aufgeholt haben, sich stärker mit ihren Bewerbungsunterlagen beschäftigen oder sicherer in Vorstellungsgespräche gehen, weil sie sich gut vorbereitet fühlen und mehr Selbstvertrauen gewonnen haben. All dies sind

● STUFE 6

Die Wirkungen auf Stufe 6 der Wirkungslogik bauen ihrerseits auf den Outcomes auf Stufe 5 auf. Das veränderte Verhalten bildet die Grundlage für die erwünschten Veränderungen in Hinblick auf die Lebenslage der Teilnehmenden aus der Zielgruppe. Dies beinhaltet zum Beispiel die Verbesserung ihrer finanziellen und/oder sozialen Situation. So hat sich die Situation der Jugendlichen im Projektbeispiel insofern verbessert, als dass sie nicht mehr arbeitslos und auf externe Hilfe angewiesen sind, sondern eine Ausbildung absolvieren und ihr Leben selbst in die Hand nehmen können. Auf Basis des Lösungsbaums wurden für diese Stufe der Wirkungen bereits ein Wirkungsziel oder mehrere Wirkungsziele identifiziert und formuliert (→ Kap. 2).

Wirkungen auf Ebene der Gesellschaft (Impact)

wichtige Voraussetzungen für den erfolgreichen Schritt in eine Ausbildung. Und auch wenn ein Teilnehmer diesen letzten Schritt zunächst einmal nicht geschafft hat, so haben sich die Grundvoraussetzungen dafür, dass er den Sprung in den Beruf schafft, deutlich verbessert.

Veränderungen passieren nicht „vom einem Tag auf den anderen", sondern es handelt sich dabei um einen Prozess. Genauso wie ein Bergsteiger nicht mit einem Sprung den Gipfel erreichen wird, sind Jugendliche nicht von einem Tag auf den anderen ausbildungsreif und bekommen eine Lehrstelle. Damit dies geschehen kann, müssen davor eine Reihe an Veränderungen schrittweise durchlaufen werden. Diese Abfolge von erzielten Fortschritten wird im Englischen als „distance travelled" bezeichnet, was sehr schön bildhaft ausdrückt, dass es sich bei den erzielten Fortschritten um „Meilensteine" auf dem Weg zum (eigentlichen) Ziel handelt. Dabei wird davon ausgegangen, dass Verhaltensänderungen einem bestimmten Muster folgen: Zunächst muss das Wissen vorhanden sein (Stufe 4), dann muss dieses Wissen genutzt werden (Stufe 5), und dann schließlich tritt die Veränderung in der Lebenssituation ein (Stufe 6).

Oft sind es jedoch die messbaren, „harten Fakten" auf Ebene der Wirkungen (im Englischen: „hard outcomes"), die zählen: Hat der Bergsteiger den Gipfel erreicht? Hat der Jugendliche nach dem Projekt einen Job? Hat ein Obdachloser wieder eine Wohnung? Das sind die „harten Fakten", die oft von Geldgebern gefordert und in Berichten abgefragt werden. Das ist an sich nicht falsch, allerdings sollte der Fokus nicht ausschließlich auf dieser Art der Wirkungen liegen, denn die Schritte, die zur Erreichung dieser Ziele zurückgelegt werden müssen, sind mindestens genauso wichtig. Denn die Veränderungen im Wissen, in den Einstellungen und den Handlungen der teilnehmenden Personen (im Englischen: „soft outcomes") sind die eigentlich ausschlaggebenden Faktoren, dass das Ziel – die Verbesserung der Lebenssituation (zum Beispiel durch einen Ausbildungsplatz) – überhaupt aus eigener Kraft erreicht werden kann. Wenn man dagegen einen Bergsteiger einfach mit der Seilbahn oder einem Hubschrauber auf dem Gipfel absetzt, wird er beim nächsten Mal, wenn er diesen oder einen anderen Berg alleine bezwingen muss, nicht dazu in der Lage sein, weil ihm das Wissen fehlt, wie man zum Beispiel den Klettergurt anlegt oder wie man die Routenbeschreibung liest. Wahrscheinlich fehlt ihm auch die körperliche Ausdauer, um den Aufstieg zu bewältigen. Sollte also ein Jugendlicher einen Ausbildungsplatz „auf dem Silbertablett serviert bekommen", wäre das Projektziel demnach zwar „offiziell" erreicht, aber es bestünde die Gefahr, dass der Jugendliche, wenn er sich wieder um einen Job bemühen muss, an den Herausforderungen der Bewerbung scheitern wird. Denn er hat nicht die notwendigen Entwicklungsschritte durchlaufen, die es ihm ermöglichen, auch langfristig den Anforderungen, die im Berufsleben an ihn gestellt werden, gerecht zu werden.

Deshalb macht es Sinn, ein großes Augenmerk auf die Fortschritte zu legen, die auf den verschiedenen Outcome-Stufen beschrieben werden. Dies beeinflusst übrigens auch die Art, wie das Projekt gesteuert wird und wie die Teilnehmenden eingebunden werden. Die Teilnehmenden werden hier nicht nur als „Leistungsempfänger" verstanden, sondern der Veränderungsprozess wird gemeinsam mit den Teilnehmenden geplant, umgesetzt, überprüft und daraufhin überlegt, was noch / als Nächstes zu tun ist, um das Ziel zu erreichen. Die Darstellung der einzelnen Fortschritte hat neben der wirkungsorientierten Projektsteuerung aber noch eine andere wichtige Funktion: Sie motiviert Projektmitarbeitende, Teilnehmenden und auch Geldgeber, „dranzubleiben" und den Prozess weiter zu unterstützen. Denn es ist für alle am Projekt Beteiligten motivierend, Fortschritte zu sehen und diese gemeinsam zu feiern!

● STUFE 7

Während sich bei den Outcomes die Wirkungen auf die Zielgruppe(n) des Projekts beziehen, beschreiben die Impacts die erwünschten Veränderungen auf gesellschaftlicher Ebene. Dies sind zum Beispiel Veränderungen der sozialen oder ökonomischen Situation der Gesellschaft. Da der Bezug auf die „Gesamtgesellschaft" hier in den meisten Fällen weder sinnvoll noch möglich ist, beziehen sich die Impacts meist auf einen Teil der Gesellschaft zum Beispiel die Bevölkerung in einem Stadtteil oder einer Region. Auf Basis des Lösungsbaums wurden für diese Stufe der Wirkungen bereits ein Wirkungsziel oder mehrere Wirkungsziele identifiziert und formuliert (→ Kap. 2). Im Projektbeispiel soll die Arbeit von PAFF auf Impact-Ebene zur Verringerung der Jugendarbeitslosigkeit im Stadtteil beitragen.
Bei Wirkungen auf Ebene der Impacts müssen die Menschen, die von den Wirkungen profitieren, nicht notwendigerweise in

Stakeholder mit einbeziehen!

Wie bei der Erarbeitung der Projektziele sollten Sie auch bei der Erstellung der Wirkungs- logik die relevanten Stakeholder und, falls notwendig, Experten mit einbeziehen.

direkten Kontakt mit den Aktivitäten der Or- ganisation gekommen sein. Sie können auch nur mittelbar an sozialen und ökonomischen Veränderungen teilhaben, wie zum Beispiel an den positiven Folgen einer niedrigeren Arbeitslosenquote oder einer verbesserten Wohnqualität im Stadtteil. Das bedeutet gleichzeitig, dass der Einfluss des Projekts auf das Eintreten der Wirkungen auf Impact- Ebene geringer ist als auf die Wirkungen auf Outcome-Ebene. Denn neben dem Projekt beeinflussen noch viele andere Faktoren die Entwicklungen auf gesellschaftlicher Ebene. Daher spricht man auch davon, dass das Projekt zu den Wirkungen auf Impact-Ebene beitragen will, während man auf Outcome- Ebene von den Wirkungen spricht, die durch das Projekt erreicht werden sollen. Auch treten Impacts meist erst nach einiger Zeit ein, sodass sich der kausale Zusammenhang zwischen dem Projekt und dem Impact meist nur mit relativ aufwändigen Methoden nachweisen lässt (→ Kap. 6: Datenerhebung).

Die Verbindungen zwischen den einzelnen Bestandteilen der Wirkungslogik

Die Pfeile zwischen den einzelnen Elementen der Wirkungslogik repräsentieren die (kausalen) Zusammenhänge und die dahinter liegenden Annahmen darüber, wie ein Projekt funktioniert. Was sich zunächst recht abstrakt anhört, wird bei der Erarbeitung einer Wirkungslogik deutlich.

3.3 DIE ERSTELLUNG EINER WIRKUNGSLOGIK

Die Erstellung einer Wirkungslogik kann „in zwei Richtungen", „von den Impacts (Wirkungen) zu den Inputs (Ressourcen)" und von den „Inputs (Ressourcen) zu den Impacts (Wirkungen)" erfolgen. Dabei macht es Sinn, beide Vorgehensweisen zu nutzen, denn die Planungsrichtung „von den Wirkungen (Impacts) zu den Ressourcen (Inputs)" eignet sich gut für Ihre wirkungsorientierte Projekt- planung. Der Vorteil dieses Vorgehens liegt darin, dass bei der Planung der Fokus auf den Wirkungen liegt, die das Projekt erzielen möchte. Dagegen laufen Projekte, die bei der Planung von den Ressourcen ausgehen, Gefahr, den Blick auf die zur Verfügung stehenden Ressourcen und bereits beste- hende Aktivitäten zu verengen und sich eher des „Status Quo" zu versichern als über den Tellerrand hinauszuschauen und sich für neue Ideen oder Projektkonzepte zu öffnen.

Die Planungsrichtung „von den Inputs zu den Impacts" hilft Ihnen dann im zweiten Schritt, Ihre Wirkungslogik einem „Plausibili- tätscheck" zu unterziehen.

Schritt 1: Wirkungsorientiert planen – Von den Impacts (Wirkungen) zu den Inputs (Ressourcen)

Beim Planungsprozess von den Impacts (Wirkungen) zu den Ressourcen (Inputs) wird die Wirkungslogik „von rechts nach links" erstellt. In den einzelnen Planungsschritten wird gefragt, „was getan werden muss, beziehungsweise was passieren muss, um die jeweilige Wirkung bzw. Leistung zu erzielen".

Inputs	Outputs	Outcomes	Impact
Ressourcen	**Leistungen**	**Wirkungen auf Ebene der Zielgruppe**	**Wirkungen auf gesellschaftlicher Ebene**
„Das, was wir in das Projekt investieren"	*„Das, was wir in unserem Projekt tun bzw. anbieten und wen wir damit erreichen"*	*„Das, was wir bei unserer Zielgruppe durch unser Projekt bewirken wollen"*	*„Das, wozu wir auf gesellschaftlicher Ebene mit unserem Projekt beitragen wollen"*

Inputs — Ressourcen

„Das, was wir in das Projekt investieren"

- Mitarbeitende
- Ehrenamtliche
- Zeit
- Geld
- Materialien/ Ausstattung
- Räumlichkeiten
- Projektpartner

Outputs — Leistungen

1

Erbrachte Leistungen:
Angebote/Produkte z.B.
- Workshops
- Dienstleistungen
- Produkte (z.B. Printmaterialien, Ratgeber)
- Training
- Beratung

2

Nutzung der Leistungen durch die Zielgruppe(n)

3

Zufriedenheit der Teilnehmenden mit dem Angebot

Outcomes — Wirkungen auf Ebene der Zielgruppe

4

Erreichte Personen verfügen über neues **Wissen** oder neue **Fertigkeiten**, haben ihre **Fähigkeiten** gefestigt/verändert, sich eine **Meinung** gebildet etc.

5

Es gibt erwünschte Veränderungen im **Handeln** der erreichten Personen.

6

Die **Lebenslage** der erreichten Personen wurde in wünschenswerter Weise verändert (finanzielle Situation, soziale Sicherheit etc.).

Impact — Wirkungen auf gesellschaftlicher Ebene

7

Es gibt erwünschte soziale, ökonomische...**Veränderungen für die Gesamtgesellschaft bzw. die Bevölkerung einer bestimmten Region oder eines bestimmten Stadtteils.**

Der beste Weg, Ihre eigene Wirkungslogik aufzustellen:

„Zäumen Sie das Pferd von hinten auf!" Beginnen Sie bei Punkt 7 dieser Tabelle und gehen rückwärts bis Punkt 1 vor, um Ihre eigene Wirkungslogik zu erfassen.

„Was wir tun"

„Was wir bewirken wollen"

Den Ausgangspunkt für diese Planung bilden die Wirkungsziele auf gesellschaftlicher Ebene (Stufe 7) und die Wirkungsziele auf Ebene der Lebenslage der Zielgruppe (Stufe 6), die Sie auf Grundlage des Lösungsbaums identifiziert haben. Für die Schritte im Einzelnen heißt das:

1. Was muss passieren, um die Situation auf gesellschaftlicher Ebene zu verbessern? Es muss sich etwas an der Lebenslage der einzelnen Personen der Zielgruppe verändern!

Projektbeispiel: Was muss passieren, damit die Jugendarbeitslosigkeit im Stadtteil verringert wird? Die Jugendlichen müssen (u.a.) einen Ausbildungsplatz bekommen.

2. Was muss passieren, damit sich an der Lebenslage der einzelnen Personen der Zielgruppe etwas verändert? Es muss sich etwas am Verhalten/Handeln der einzelnen Personen der Zielgruppe ändern!

Projektbeispiel: Was muss passieren, damit die Jugendlichen einen Ausbildungsplatz bekommen? Die Jugendlichen müssen (u.a.) qualitativ hochwertige Bewerbungsunterlagen erstellen.

3. Was muss passieren, damit sich am Verhalten / Handeln der einzelnen Personen der Zielgruppe etwas verändert? Es muss sich etwas am Wissen/an den Einstellungen der einzelnen Personen der Zielgruppe ändern!

Projektbeispiel: Was muss passieren, damit die Jugendlichen qualitativ hochwertige Bewerbungsunterlagen erstellen? Sie müssen wissen, wie man diese erstellt.

4. Was muss passieren, damit sich etwas am Wissen/an den Einstellungen der teilnehmenden Personen aus der Zielgruppe ändert? Die teilnehmenden Personen müssen mit dem Angebot, das sie nutzen, zufrieden sein!

Projektbeispiel: Was muss passieren, damit die Jugendliche gelernt haben, wie man Bewerbungsunterlagen erstellt? Sie müssen mit dem Bewerbungstraining, an dem Sie teilgenommen haben, zufrieden sein.

5. Was ist die Voraussetzung dafür, dass die Personen aus der Zielgruppe mit dem Angebot zufrieden sind? Sie müssen das Angebot nutzen!

Projektbeispiel: Was ist die Voraussetzung dafür, dass die Jugendlichen mit dem Bewerbungstraining zufrieden sind? Sie müssen an dem Bewerbungstraining teilnehmen.

6. Was ist die Voraussetzung dafür, dass das Angebot genutzt werden kann? Das Angebot muss zur Verfügung stehen!

Projektbeispiel: Was ist die Voraussetzung dafür, dass die Jugendlichen am Bewerbungstraining teilnehmen können? Das Training muss angeboten werden.

7. Was sind die Voraussetzungen dafür, dass das Angebot zur Verfügung steht? Es müssen ausreichend Ressourcen vorhanden sein, um die Leistungen anbieten zu können!

Projektbeispiel: Was sind die Voraussetzungen dafür, dass das Training angeboten werden kann? Es müssen die notwendigen finanziellen und personellen Ressourcen dafür zur Verfügung stehen.

Schritt 2: Der Plausibilitätscheck – Von den Inputs (Ressourcen) zu den Impacts (Wirkungen)

Beim Plausibilitätscheck von den Inputs zu den Impacts wird die Wirkungslogik „von links nach rechts" auf die Plausibilität der zwischen den einzelnen Schritten liegenden „wenn–dann" – Zusammenhänge überprüft. Im Einzelnen kann dies wie folgt „übersetzt" werden:

1. Wenn die notwendigen Ressourcen/ Inputs zur Verfügung stehen und investiert werden, dann können die geplanten Aktivitäten umgesetzt und die Angebote und Produkte erstellt werden (Stufe 1).

Inputs	**Outputs**	**Outcomes**	**Impact**
Ressourcen	Leistungen	Wirkungen auf Ebene der Zielgruppe	Wirkungen auf gesellschaftlicher Ebene
„Das, was wir in das Projekt investieren"	*„Das, was wir in unserem Projekt tun bzw. anbieten und wen wir damit erreichen"*	*„Das, was wir bei unserer Zielgruppe durch unser Projekt bewirken wollen"*	*„Das, wozu wir auf gesellschaftlicher Ebene mit unserem Projekt beitragen wollen"*

Inputs · Ressourcen

- hauptamtliche Projektleitung (20h/Woche)
- 50 ehrenamtliche Paten (je 5h/Woche)
- 4 Patengruppenbetreuer (je 5h/Woche)
- 45.000 €/Jahr
- Raum im Gemeindezentrum
- Laptop
- 2 Schulen als Projektpartner

Outputs · Leistungen

1

Erbrachte Leistungen:
- Patenschulungen
- Patensupervision
- Schulworkshops
- Treffen mit Paten und Schülern
- Nachhilfe für Schüler
- Bewerbungstraining für Schüler
- Weiterbildung für Paten
- Projektflyer
- Projektleitfaden
- Beratungen für Schüler
- Ratgeber mit Tipps für Berufsanfänger

2

Nutzung der Leistungen durch 50 Schüler der beiden örtlichen Hauptschulen

3

Zufriedenheit der teilnehmenden Jugendlichen mit dem Angebot

Outcomes · Wirkungen auf Ebene der Zielgruppe

4

- Jugendliche haben im Rahmen ihrer Projektteilnahme soziale Kompetenzen erworben, die für einen erfolgreichen Berufseinstieg notwendig sind
- Jugendliche haben ihr Lernverhalten verbessert
- Jugendliche haben ihre Kenntnisse in den Kernschulfächern verbessert
- Jugendliche wissen, was sie werden wollen/haben eine berufliche Perspektive
- Jugendliche wissen, wie man sich bewirbt

5

- die teilnehmenden Jugendlichen haben bis Ende des Schuljahres selbstständig qualitativ gute Bewerbungsunterlagen erarbeitet
- Jugendliche können ein Vorstellungsgespräch erfolgreich bewältigen
- die teilnehmenden Jugendlichen haben während ihrer Teilnahme am Projekt ihre schulischen Leistungen verbessert

6

- die teilnehmenden Jugendlichen haben die Schule mit einem qualifizierten Abschluss verlassen
- die teilnehmenden Jugendlichen haben spätestens ein halbes Jahr nach ihren Schulabschluss einen Ausbildungsplatz gefunden.
- Jugendliche haben ihren sozioökonomischen Status verbessert

Impact · Wirkungen auf gesellschaftlicher Ebene

7

PAFF trägt mit seiner Arbeit zur Verringerung der Jugendarbeitslosigkeit im Stadtteil x von Frankfurt/Main bei.

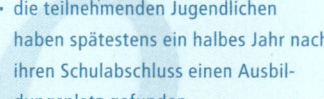

„Was PAFF tut"   *„Was PAFF bewirken will"*

Checkliste: Die Wirkungslogik im Qualitätscheck

	ja	nein	Bemerkung
Stehen der Organisation die notwendigen Ressourcen zur Verfügung (beziehungsweise ist absehbar, dass die notwendigen Ressourcen im Laufe des Projekts zur Verfügung stehen werden), um die Aktivitäten umzusetzen, die die erwünschte Wirkung erzielen sollen?			
Sind alle Outputs (Leistungen), die für den Erfolg des Projekts notwendig sind, einbezogen?			
Sind die Outputs (Leistungen) und Wirkungen (Outcomes und Impacts) klar voneinander unterschieden?			
Sind auf Ebene der Outcomes die einzelnen Stufen der Veränderungen (Outcomes 1-3) ausdifferenziert?			
Sind die verschiedenen Bestandteile der Wirkungslogik durch „logische" Zusammenhänge verbunden?			
Sind die Wirkungsziele auf Outcome- und Impact-Ebene im Sinne einer Veränderung formuliert?			
Wurden bei der Erstellung der Wirkungslogik die relevanten Stakeholder eingebunden beziehungsweise um Feedback gebeten?			

Wann ist genug geplant?

In der Planungsphase eines Projekts wird die Basis für eine wirkungsvolle Projektarbeit gelegt. Daher sollten Sie sich für die Planung ausreichend Zeit nehmen. Dabei sollten Sie jedoch im Hinterkopf behalten, dass Planen kein einmaliger Vorgang ist, sondern sich in der wirkungsorientierten Projektsteuerung immer wiederholt. Daher sollte man an einem Punkt mit der Umsetzung anfangen und dann im Prozess auf der Grundlage der gesammelten Erfahrungen erneut planen beziehungsweise

→ S.45

2. Wenn die Angebote und Produkte zur Verfügung stehen, dann können sie von der Zielgruppe genutzt werden (Stufe 2).

3. Wenn die Angebote und Produkte genutzt werden, dann ist damit die Voraussetzung geschaffen, dass die Nutzer/Teilnehmenden damit zufrieden sind (Stufe 3).

4. Wenn die die Teilnehmenden mit dem Angebot zufrieden sind, dann ist die Voraussetzung geschaffen, dass sich dadurch die erwünschten Veränderungen im Wissen und bei den Einstellungen der Zielgruppe (Stufe 4) ergeben.

5. Wenn sich die erwünschten Veränderungen im Wissen und bei den Einstellungen der Zielgruppe einstellen, dann ergibt sich dadurch (die Möglichkeit für) neues/anderes Handeln bei der Zielgruppe (Stufe 5).

6. Wenn dieses Handeln umgesetzt wird, dann ermöglicht dies, dass sich die Situation/ Lebenslage der teilnehmenden Personen ändert (Stufe 6).

7. Wenn sich die Lebenslage der am Projekt Teilnehmenden ändert, dann trägt dies dazu bei, dass sich Veränderungen auf gesellschaftlicher Ebene ergeben (Stufe 7).

3.4 WIRKUNGSZIELE IM RAHMEN DER WIRKUNGSLOGIK DETAILLIERT AUSARBEITEN

Im Rahmen der Erstellung der Wirkungslogik haben Sie nun Wirkungsziele für die verschiedenen Stufen der Wirkungslogik erarbeitet. Formulieren Sie diese nun anhand der Kriterien für die Formulierung von Wirkungszielen (→ Kap. 2). Im nächsten Schritt werden für

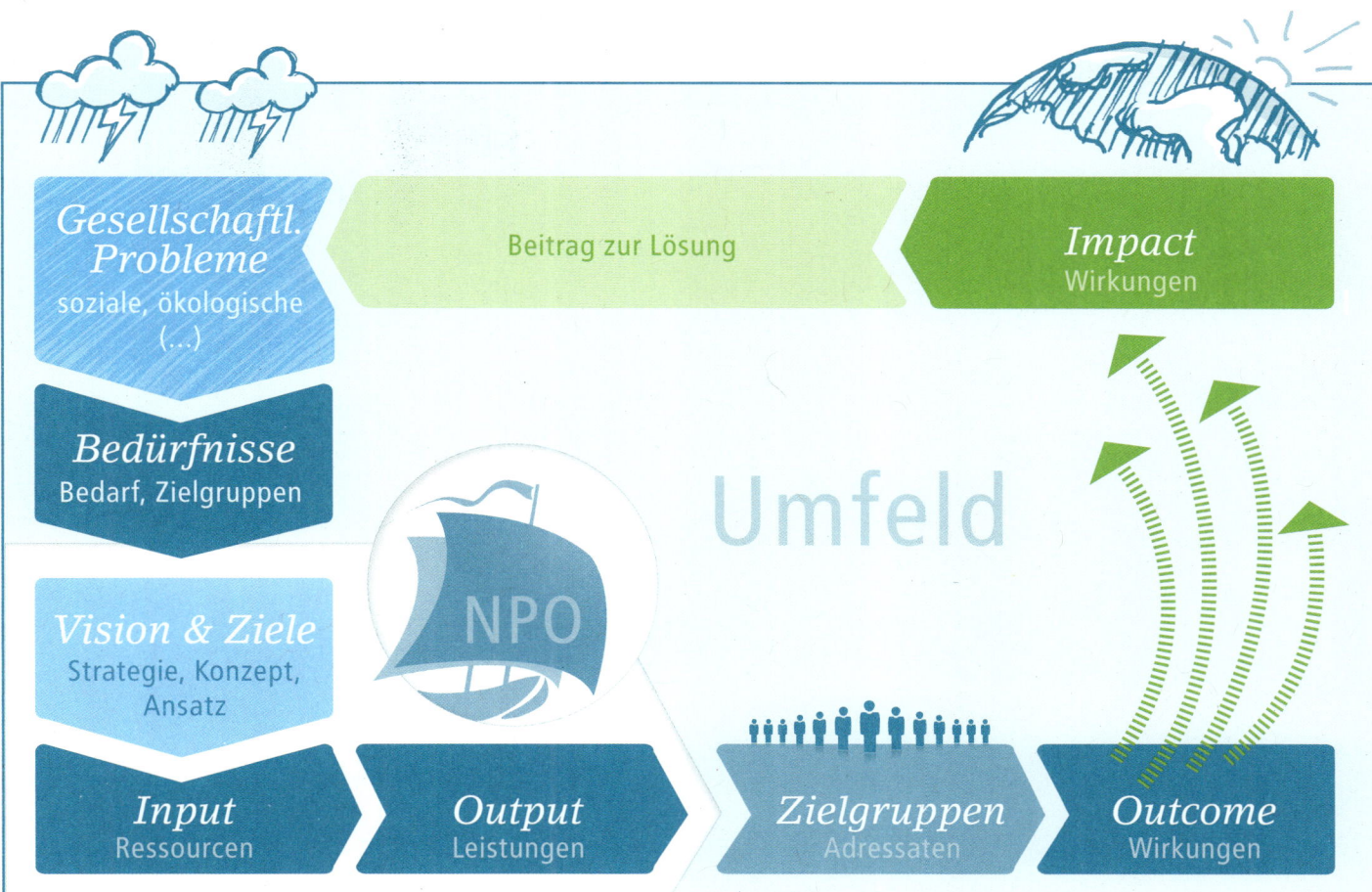

die einzelnen Wirkungsziele Indikatoren entwickelt, die es erlauben, festzustellen, ob beziehungsweise inwieweit, die Wirkungsziele erreicht werden (→ Kapitel 5).

3.5 WIRKUNGSORIENTIERTE PLANUNG IM ÜBERBLICK: DER WIRKUNGSKREISLAUF

Wie die einzelnen Teile zusammenhängen, lässt sich gut am sogenannten „Wirkungskreislauf" verdeutlichen (Abbildung oben).

Aus den gesellschaftlichen Herausforderungen und den sich daraus ergebenden Bedarfen der Zielgruppen werden vor dem Hintergrund der Vision der Organisation Wirkungsziele und ein Handlungsansatz definiert. Um die Wirkungsziele erreichen zu können, müssen bestimmte Inputs (Ressourcen) zur Verfügung stehen. Aus diesen Ressourcen ergeben sich die Outputs (die erbrachten Leistungen des Projekts). Werden die angebotenen Leistungen von der Zielgruppe genutzt, ist die Grundlage für das Erreichen von Wirkungen auf Ebene der Zielgruppe (Outcomes) gelegt. Wirkungen auf der Ebene der Zielgruppe können im nächsten Schritt zu Wirkungen auf gesellschaftlicher Ebene (Impact) beitragen. Aus der sich dadurch veränderten gesellschaftlichen Situation ergeben sich nun neue Bedarfe, die wiederum die Anpassung der Ziele und der benötigten Ressourcen und der angebotenen Leistungen des Projekts notwendig machen. Planung und Anpassung ist somit ein kontinuierlicher Prozess während des gesamten Projektverlaufs.

Fortsetzung von S.44:

die ursprüngliche Planung anpassen. Denn genauso, wie man zu wenig planen kann, kann man auch vor lauter Planen den richtigen Zeitpunkt verpassen, um mit der Umsetzung des Projekts zu beginnen. Hier gilt es, die richtige Balance zwischen Planen, Tun, Reflektieren und Anpassen zu finden. Die lernorientierte Wirkungsanalyse unterstützt Sie dabei, die relevanten Informationen zu bekommen, die Sie für die wirkungsorientierte Steuerung Ihres Projekts benötigen. Wie Sie eine lernorientierte Wirkungsanalyse umsetzen und in die Arbeit Ihrer Organisation/Ihres Projekts integrieren, erfahren Sie nun in → Teil 2 dieses Kursbuchs.

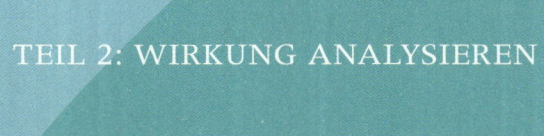

TEIL 2: WIRKUNG ANALYSIEREN

„Nicht alles, was zählt, kann gezählt werden, und nicht alles, was gezählt werden kann, zählt."

Albert Einstein (* 1879 – † 1955)

Das sind die Inhalte von Teil 2 des Kursbuchs:

In Kapitel 4 erfahren Sie, wie Sie die logistischen Grundlagen für die Wirkungsanalyse legen und wie Sie die Fragen für Ihre Wirkungsanalyse entwickeln.

In Kapitel 5 erfahren Sie, wie Sie Indikatoren entwickeln, die Sie als Grundlage für die Datenerhebung benötigen.

In Kapitel 6 lernen Sie verschiedene Methoden der Datenerhebung kennen und erfahren, wie Sie die passende Erhebungsmethode für Ihre Wirkungsanalyse finden.

In Kapitel 7 erfahren Sie, wie Sie die erhobenen Daten auswerten und analysieren können, sodass Sie Informationen erhalten, die Sie nutzen können, um daraus Schlussfolgerungen und Handlungsempfehlungen abzuleiten.

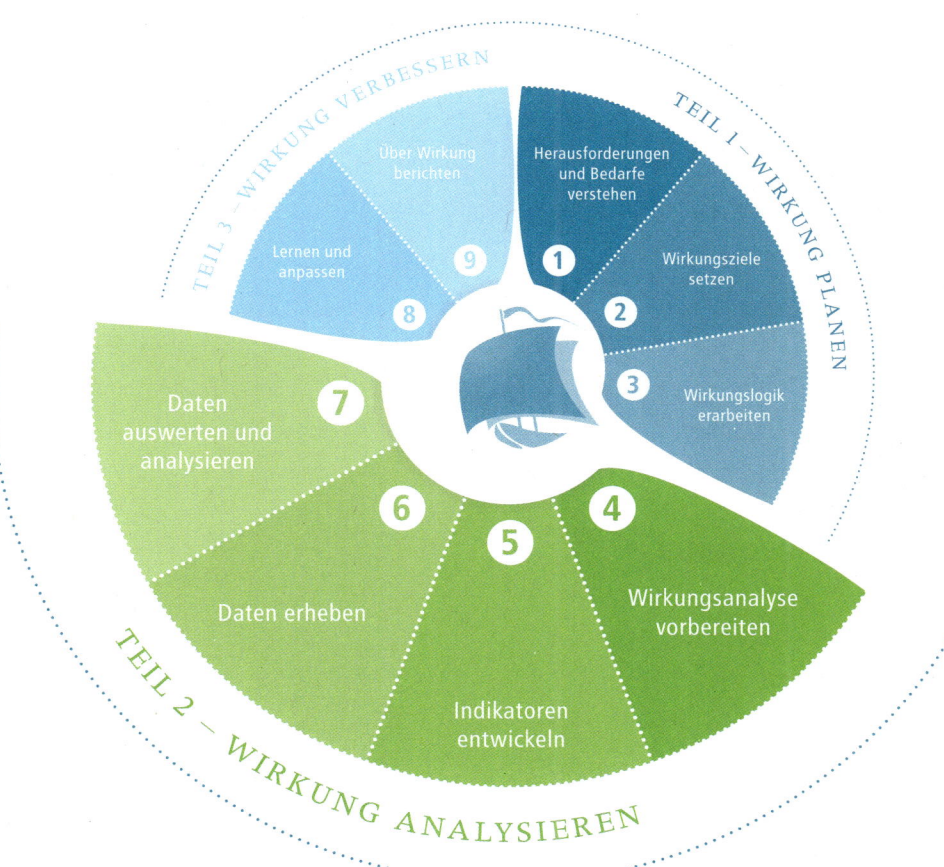

Nachdem Sie entschieden haben, wohin Ihre Seereise gehen soll, und Sie Ihre Reiseroute festgelegt haben, machen Sie sich auf den Weg. Allerdings laufen die meisten Reisen nicht „einfach so" nach Plan, und deshalb müssen Sie unterwegs regelmäßig überprüfen, ob Sie auf dem richtigen Weg sind, ob Sie Ihre Ziele erreichen und ob es Ihren Passagieren gut geht. Auf Basis dieser Informationen können Sie reflektieren, ob Sie die eingeschlagene Route beibehalten können oder ob Sie den Kurs anpassen müssen.

Wie bei der Seereise werden Sie auch in Ihrer Projektarbeit Ihren Plan mit dem abgleichen, was tatsächlich passiert: Was war geplant und was haben wir getan? Was haben wir damit erreicht? Funktioniert das Projekt wie angenommen? Warum oder warum nicht?

In Teil 2 des Kursbuchs wird gezeigt, wie Sie mittels der „Wirkungsanalyse" die notwendigen Informationen erheben können, die Sie benötigen, um (unter anderem) diese Fragen zu beantworten.

Im Idealfall wird die Wirkungsanalyse schon im Planungsprozess des Projekts mitentwickelt. Aber auch wenn es Ihr Projekt bereits einige Zeit gibt, ist es jederzeit möglich und sinnvoll, Monitoring und Evaluation einzuführen und umzusetzen.

4. DIE WIRKUNGS-ANALYSE VORBEREITEN

In diesem Kapitel erfahren Sie, ...

- was die Begriffe Wirkungsanalyse, Monitoring und Evaluation bedeuten.
- wann Sie Monitoring und Evaluation durchführen sollten.
- wer Monitoring und Evaluation durchführen sollte und welche Stakeholder Sie in die Wirkungsanalyse einbinden sollten.
- wie viel Monitoring und Evaluation kostet und woher dafür das Geld kommt.
- wie Sie die Fragen für die Wirkungsanalyse entwickeln.

Um beurteilen zu können, ob Sie auf Ihrer Reise auf dem richtigen Kurs sind, müssen Sie die Informationen erheben, die Sie benötigen, um dies festzustellen. Dafür müssen Sie zunächst die Voraussetzungen für die Erhebung schaffen. Wer von der Mannschaft sitzt im Ausguck und beobachtet kontinuierlich die Reiseroute? Hat diese Person genügend Wissen und Erfahrung für diese Aufgabe? Wann und wie oft führt man am besten eine Befragung der Passagiere durch, um festzustellen, ob ihnen die Reise gefällt und inwiefern sie von der Reise profitiert haben? Müssen Sie dafür vielleicht einen externen Fachmann an Bord holen? Welchen Aufwand bedeutet das Sammeln der Informationen für Sie, und woher kommen die notwendigen Ressourcen? Und vor allem müssen Sie festlegen, welche Informationen Sie eigentlich erheben wollen. Denn aus dem „Meer an Daten" müssen Sie die Informationen „herausfischen", die für Sie relevant sind.
Wie bei der Seereise müssen Sie im Rahmen der wirkungsorientierten Projektsteuerung die Grundlagen für die Wirkungsanalyse legen, bevor Sie mit der Erhebung der Daten für die Wirkungsanalyse beginnen können. Bevor auf die logistischen Fragen der Wirkungsanalyse eingegangen wird, sollen die Begriffe *Wirkungsanalyse*, *Monitoring* und *Evaluation* geklärt werden.

4.1 WIRKUNGS-ANALYSE, MONITORING UND EVALUATION

Was verstehen wir unter Wirkungsanalyse?

Der Begriff „Wirkungsanalyse" kann in einem engeren und in einem weiten Sinn verwendet werden. Wirkungsanalyse im engen Sinn bedeutet, dass die Erhebung der Daten auf die Outcomes und Impacts eines Projekts abzielt.

Im Rahmen der wirkungsorientierten Projektsteuerung ist ein weites Verständnis von Wirkungsanalyse sinnvoll. Denn hier ist es wichtig, nicht nur zu fragen, ob ein Projekt wirkt, sondern auch festzustellen, welches die ausschlaggebenden Faktoren sind, die zu den Wirkungen führen. Wirkungsanalyse im hier verwendeten, weiten Sinn umfasst daher neben der Analyse der Wirkungen (Outcomes und Impacts) selbst auch die erbrachten Leistungen des Projekts (Outputs) und deren Qualität. Die Wirkungsanalyse im weiten Sinn hinterfragt auch die Wirkungsannahmen, auf denen das Projekt aufbaut.

Im Rahmen der Diskussion um Wirkung wird auch der Begriff der Wirkungsmessung genutzt. Der Begriff Messung suggeriert, dass sich Wirkung quantifizieren und exakt messen lässt. Wirkungen in

	Monitoring	Evaluation
Was wollen Sie wissen?	*Was* passiert?	Wie gut und warum passiert etwas und welche Änderungen kommen dadurch zustande?
Warum?	Fortschritte überprüfen, Informationen für Entscheidungsfindungen und Anpassungen zur Verfügung stellen, Grundlage für weitere Analysen (z.B. Evaluation) schaffen	Fortschritte und Resultate beschreiben und bewerten, Schlussfolgerungen und Empfehlungen ableiten
Wann?	durchgehend während des Projekts	zu einem bestimmten Zeitpunkt während des Projekts, zum Ende des Projekts oder einige Zeit nach Abschluss des Projekts
Wer?	intern, Projektmitarbeitende	intern oder extern
Wo in der Wirkungslogik genutzt?	Schwerpunkt auf Inputs, Aktivitäten, Outputs und leicht zu messenden Wirkungen (Outcomes)	Schwerpunkt auf Wirkungen (Outcomes und Impact)

der sozialen Arbeit sind in der Realität allerdings komplexer und lassen sich oft nicht „messen". Der Begriff Wirkungsanalyse scheint in diesem Kontext daher der passendere.

Ähnlich, aber doch verschieden: „Monitoring" und „Evaluation"

Monitoring und Evaluation sind unterschiedliche Arten der Erfassung und Auswertung von Daten im Rahmen der Wirkungsanalyse. Beide werden – als „M&E" – oft in einem Atemzug genannt und in der Tat gibt es zwischen beiden einen engen Zusammenhang. Beide erfüllen wichtige Aufgaben im Rahmen der wirkungsorientierten Projektsteuerung. Wo liegen die Gemeinsamkeiten und Unterschiede?

Monitoring ist die regelmäßige Erhebung von Informationen mit dem Ziel, die Fortschritte des Projekts gegenüber der Planung sowie das Einhalten von (Qualitäts-)Standards zu überprüfen.

Bei der Schiffsreise sind Beispiele für Monitoring das kontinuierliche Beobachten der Reiseroute aus dem Ausguck des Schiffes oder die Erfassung der zurückgelegten Seemeilen. Das Monitoring eignet sich vor allem dafür, Inputs (Ressourcen) und Outputs (Leistungen) eines Programms sowie leicht erhebbare Wirkungen zu erfassen.

Anspruchsvoller zu erfassende Wirkungen werden dagegen meist im Rahmen von Evaluationen erhoben. **Evaluation** liefert dabei nicht nur wie das Monitoring Daten für die Frage, ob man sich noch auf dem ‚richtigen' Weg befindet, sondern auch, ob es sich denn überhaupt um den ‚richtigen' Weg handelt.[1] Wenn die im Rahmen des Monitorings erhobenen Daten Anzeichen dafür geben, dass das Projekt nicht wie geplant läuft, kann eine Evaluation dazu beitragen, herauszufinden, warum dies so ist. Bei der Schiffsreise ist ein Beispiel für eine Evaluation die Befragung der Passagiere nach der Reise, um festzustellen, ob und inwieweit sie von der Reise profitiert haben.

Abb. Monitoring und Evaluation im Vergleich; Quelle: vgl. International Federation of Red Cross and Red Crescent Societies (2011: 20).

[1] Stockmann (2007: 18).

Abschlussevaluation oder Zwischenevaluation?

Gerade bei befristeten Projekten finden Evaluationen oft am Ende des Projekts statt. Natürlich ist es sinnvoll, nach Projektabschluss Bilanz zu ziehen, und die erhobenen Informationen werden oft für die Abschlussberichte an die Geldgeber benötigt. Doch abgesehen von der Erfüllung der Berichtspflichten hat eine Evaluation am Ende des Projekts oft wenig Nutzen. Denn wenn die Ergebnisse vorliegen, sind die Projektmitarbeitenden bereits mit anderen Projekten beschäftigt, und selbst wenn die Evaluation noch zu Kenntnis genommen wird, ist es in Retrospektive nicht mehr möglich, auf die Erkenntnisse zu reagieren. Wenn Sie die Möglichkeit haben, sollten Sie daher versuchen, die Evaluation Ihres Projekts zu einem Zeitpunkt zu machen, an dem Sie die Ergebnisse noch für die wirkungsorientierte Projektsteuerung nutzen können (Zwischenevaluation). Sprechen Sie daher mit Ihren Geldgebern und überlegen Sie gemeinsam, wann für das Projekt sinnvolle Zeitpunkte für eine Evaluation sind.

4.2 LOGISTISCHE FRAGEN ZUR WIRKUNGSANALYSE

Wann sollte M&E durchgeführt werden?

Damit die Informationen bestmöglich genutzt werden können, müssen sie zum richtigen Zeitpunkt erhoben werden. Der richtige Zeitpunkt für die Datenerhebung wird zum einen dadurch bestimmt, wann sich die Daten überhaupt erheben lassen, zum anderen muss der Zeitpunkt der Datenerhebung je nach Fragestellung und Erkenntnisinteresse festgelegt werden.

Auf der Ebene der Prozesse und Outputs (Leistungen) stellt sich die Frage, ob die Angebote entsprechend dem zeitlichen und finanziellen Plan durchgeführt werden. Diese Informationen sind vor allem für die Projektverantwortlichen interessant. Die Erhebung der Daten sollte hier regelmäßig (je nach Bedarf wöchentlich, monatlich, vierteljährlich) im Rahmen des Monitorings stattfinden, damit bei Bedarf zeitnah eingegriffen und gegengesteuert werden kann.

Auf der Ebene der Wirkungen (Outcomes und Impacts) werden eher mittel- und langfristig eintretende Resultate erhoben. Die Erhebung der Daten ist in vielen Fällen aufwändiger als bei den Outputs. Daten auf Outcome-Ebene werden daher seltener erhoben und analysiert. Allerdings gibt es auch auf dieser Ebene Informationen, die sich relativ leicht und regelmäßig erheben lassen, wie zum Beispiel die Veränderung bei den Schulnoten.

Datenerhebungen sollten nicht nur am Ende eines Projekts stattfinden, denn es geht vor allem darum, aus den Erkenntnissen zu lernen, um während des Projekts steuern zu können. Die Wirkungsanalyse sollte daher ein kontinuierlicher Prozess während der gesamten Projektlaufzeit sein.

Die Evaluation zu Beginn des Projekts ermöglicht Ihnen, im Rahmen einer Bedarfs- und Umfeldanalyse einen Schritt zurückzutreten und die Bedarfe der Zielgruppe mit den Projekt-Zielen und der geplanten Vorgehensweise des Projekts abzugleichen.

Durch kontinuierliches Monitoring und Zwischenevaluationen lässt sich feststellen, ob das Projekt (noch) auf dem richtigen Weg ist. Auf der Grundlage dieser Erkenntnisse besteht dann die Chance, wo nötig, Anpassungen vorzunehmen.

Projektbeispiel PAFF: Im Rahmen des Monitorings werden bei PAFF fortlaufend Daten gesammelt. Hierbei werden vor allem die erbrachten Leistungen, wie die Anzahl der Patenstunden, Nachhilfestunden und auf Ebene der Wirkungen die Veränderungen bei den Schulnoten festgehalten.

Um festzustellen, wie sich die Projektteilnahme auf das Sozialverhalten der Jugendlichen auswirkt, wurde nach 2,5 Jahren Projektlaufzeit eine Evaluation durchgeführt.

Nächstes Jahr feiert PAFF sein 5-jähriges Bestehen. Die Projektverantwortlichen haben dies als sinnvollen Zeitpunkt für eine Evaluation identifiziert, bei der systematisch festgestellt werden soll, wie sich der berufliche Werdegang der ehemaligen Patenkinder entwickelt hat. Welche Maßnahmen der Datenerhebung PAFF im Einzelnen durchführt, erfahren Sie in → Kap. 6.

WIRKUNG
ANALYSIEREN

2

WIRKUNG
VERBESSERN

3

Am Abschluss eines Projekts steht die **(Ab-)Schlussevaluation**. Hier wird (zumeist) das ganze Projekt bewertet. Natürlich gibt es Projekte, die kein (geplantes) Ende haben. Hier gibt es keine Abschlussevaluation, aber es sollten Zeitpunkte identifiziert werden, an denen eine umfassende Auswertung stattfindet. Möglich Zeitpunkte hierfür sind zum Beispiel, wenn ein neues Projektmodul entwickelt werden oder wenn das Projekt an andere Orte übertragen werden soll.

Eine Ex-Post-Evaluation findet einige Zeit nach Abschluss des Projekts statt und hat zum Ziel, herauszufinden, welche Wirkungen ein Projekt auch über sein Ende hinaus entfaltet. Ein Beispiel für eine Ex-Post-Evaluation wäre eine Verbleibstudie, in der herausgefunden werden soll, was aus den Jugendlichen, die vor einiger Zeit das Projekt abgeschlossen haben, geworden ist.

Unabhängig vom Zeitpunkt sollten Sie über eine Evaluation nachdenken, wenn die Monitoringdaten auf signifikante Abweichungen gegenüber Ihrer Planung hinweisen.

Wer soll die Wirkungsanalyse durchführen?

Während das Monitoring im Rahmen des internen Projektmanagements verankert ist, können Evaluationen intern oder extern durchgeführt werden.

Wenn Evaluation eher als unliebsamer Zeiträuber angesehen wird, ist man schnell versucht, diese Aufgabe abgeben zu wollen. Dabei sollte jedoch bedacht werden: Zum einen verursachen externe Evaluationen

	Vorteile	Nachteile
Interne Evaluartion	• Projektverständnis • Zugang zu den Informationen • kaum Einarbeitungszeit • kostensparend	• fehlende Distanz und Neutralität • Rollenkonflikte • mangelnde Kompetenzen
Externe Evaluartion	• Expertenwissen • Methodenwissen • Neutralität • Akzeptanz durch Stakeholder	• inhaltliche Distanz • Kosten • evtl. aufwändige Absprachen erforderlich

Vor- und Nachteile interner und externer Evaluation

Projektbeispiel PAFF:

Im Rahmen des Monitorings ist es bei PAFF die Aufgabe der Patengruppenbetreuer, die Daten von den Paten, Patenkindern und Lehrern zusammenzutragen. Die Daten werden dann von der hauptamtlichen Projektleitung aufbereitet und ausgewertet. Für die Evaluation wurde ein Wissenschaftler vom Pädagogik-Lehrstuhl der Universität gewonnen, dessen Studenten die Evaluation als einen Teil ihrer Abschlussarbeit umgesetzt haben.

Die Rolle der Stakeholder bei der Wirkungsanalyse klären

• Welche Rolle spielen die Stakeholder bei der Durchführung der Wirkungsanalyse?

• Welche Informationen aus der Wirkungsanalyse sind für die Stakeholder relevant?

• Können sie unterstützen, beeinflussen, bremsen, verhindern? Haben sie besondere Hoffnungen, Interessen oder Befürchtungen hinsichtlich der Datenerhebung oder bestimmter Fragestellungen darin?

• Falls ja, ergeben sich daraus Konsequenzen für die geplante Erhebung? Müssen zum Beispiel andere Fragestellungen oder andere Beteiligungsformen gewählt werden?

meist höhere Kosten als Evaluationen, die von Projektmitarbeitenden durchgeführt werden, zum anderen braucht nicht jedes Projekt unbedingt eine externe Evaluation. Gleichzeitig erfordert Evaluation an vielen Stellen natürlich fachliche und methodische Kompetenzen, die innerhalb der Organisation oft nicht zur Verfügung stehen. Manchmal macht es Sinn, diese aufzubauen, aber manchmal ist es sinnvoller, die Expertise von außen hinzuzuziehen. Hier muss von Fall zu Fall abgewogen werden.

Die Unabhängigkeit eines externen Evaluators kann dann zum Nachteil werden, wenn er deswegen Schwierigkeiten hat, an die für die Erhebung relevanten Informationen zu kommen. Für den Erfolg der Evaluation ist es extrem wichtig, dass eine gute Zusammenarbeit zwischen dem externen Evaluator und den Stakeholdern stattfindet. Dafür muss er das Vertrauen der Stakeholder besitzen, muss aber gleichzeitig seine Neutralität waren. Bei der Wirkungsanalyse sollte es nicht um das Abarbeiten von Berichtspflichten gehen, sondern darum, die Erkenntnisse aus der Wirkungsanalyse als Grundlage für ein kritisches Nachdenken und Lernen über das Projekt zu verstehen und zu nutzen. Und das kann nur bis zu einem gewissen Grad nach außen abgegeben werden. Bei der Mischform aus der internen und externen Evaluation führen Projektmitarbeiter die Evaluation gemeinsam mit einem externen Berater, der Expertise und den Blick von außen mitbringt, durch. Hier kommen die Vorteile aus beiden Ansätzen zusammen.

Unabhängig davon, ob Evaluationen intern oder extern durchgeführt werden, sollte innerhalb des Projekts klar sein, wer für die Wirkungsanalyse die Hauptverantwortung hat. Hier sollten die Fäden aller Prozesse im

Wichtig zu wissen: Ein Evaluator sollte folgende Qualifikationen mitbringen

• Erfahrung und Wissen im Themengebiet und Erfahrung mit Evaluationen im Themengebiet

• gutes Methodenwissen und ein hohes Qualitätsbewusstsein

• Objektivität (wobei auch der Evaluator nie vollständig objektiv sein kann, denn auch er hat eine Meinung und Wertehaltung und arbeitet vor dem Hintergrund früherer Erfahrungen. Daher muss in der Evaluation deutlich gemacht werden, an welchen Stellen der Evaluator seine persönliche Meinung einbringt.)

• eine gute Kommunikationsfähigkeit (mündlich und schriftlich)

• eine vertrauenswürdige und angenehme Persönlichkeit sowie Sensibilität im Umgang mit der Zielgruppe (z.B. bei Genderfragen)

Rahmen der Wirkungsanalyse zusammenlaufen, und die Person sollte Ansprechpartner sein, wenn es bei M&E Probleme gibt. Für diese koordinierenden Aufgaben müssen natürlich ausreichende Ressourcen zur Verfügung gestellt werden. Wo notwendig, muss teamintern Wissen aufgebaut werden.

Wer muss in den Prozess der Wirkungsanalyse einbezogen werden?

Grundsätzlich gilt: Wirkungsorientierte Projektsteuerung, die nicht von der Organisations- bzw. Projektleitung mitgetragen und aktiv gefördert wird, ist zum Scheitern verurteilt! Wirkungsorientierte Projektsteuerung ist eine Aufgabe im Rahmen der Organisationsentwicklung, die aktiv gefördert werden

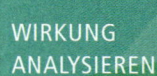

muss, für die die notwendigen Ressourcen zur Verfügung stehen müssen und für die Prozesse und Verantwortlichkeiten festgelegt werden müssen.

Die Festlegung von Verantwortlichkeiten für die Wirkungsanalyse sollte aber nicht dazu führen, dass bei den anderen Mitarbeitenden das Gefühl entsteht, dass jemand für die Wirkungsanalyse zuständig ist und man sich selbst nicht mehr darum zu kümmern braucht. Alle Mitarbeitenden sollten in M&E einbezogen werden, denn der primäre Zweck der Wirkungsanalyse ist es, gemeinsam aus den Ergebnissen zu lernen!

Wer sollte außer den Mitarbeitenden noch in den Prozess der Wirkungsanalyse mit einbezogen werden?

Im Rahmen der Projektplanung haben Sie bereits die Stakeholder Ihres Projekts identifiziert (→ Kap. 1). Der Einfluss der Stakeholder ist nicht nur bei der Planung und Umsetzung des Projekts, sondern auch bei der Wirkungsanalyse wichtig. Die Wirkungsanalyse muss von den Stakeholdern mitgetragen werden. Es empfiehlt sich, die wichtigen Stakeholder regelmäßig in den Prozess der Wirkungsanalyse mit einzubeziehen und damit die Qualität der Ergebnisse und des Prozesses sicherzustellen und Widerständen vorzubeugen.

Und was kostet das Ganze?

Wenn Sie Ihre Wirkungsanalyse planen, stellt sich natürlich auch die Frage nach den Aufwänden: Wie viel kostet M&E und woher kommt das Geld dafür?

Generell kann man sagen, dass sich das Budget für die Wirkungsanalyse zwischen drei und zehn Prozent des Projektbudgets

bewegen sollte. Die Kosten beinhalten dabei vor allem die Personalkosten, die entweder intern oder für einen externen Evaluator anfallen. Dazu kommen Druckkosten für den Evaluationsbericht, Kosten für die Kommunikation der Ergebnisse, Bürokosten und eventuell Reisekosten.

Während Monitoringaufgaben in den Projektmanagementkosten enthalten sein sollten, sind (externe) Evaluationen meist eigene Posten im Budget. In einigen Fällen ist ein Teil der Fördersumme explizit für M&E und die Berichterstattung ausgewiesen. Nicht selten sind dafür jedoch überhaupt keine Mittel eingeplant. Welche Möglichkeiten haben Sie, auch mit wenigen Ressourcen nützliche M&E-Maßnahmen umzusetzen?

Angesichts eines kleinen Budgets ist es oft sinnvoll, lieber einen kleinen, aber relevanten Teil des Projekts gut zu evaluieren, statt Daten für das komplette Projekt zu erheben und dabei starke Abstriche bei der Qualität der Evaluation in Kauf nehmen zu müssen. Einige Methoden der Datenerhebung sind aufwändiger und damit auch kostspieliger als andere. Hier gilt es, die Methode zu wählen, die für das jeweilige Erkenntnisinteresse passend ist und gleichzeitig den Kostenrahmen nicht sprengt. Einen Überblick über verschiedene Erhebungsmethoden finden Sie in → Kap. 6 des Kursbuchs.

Übrigens: Oft sind im Budget keine ausreichenden Mittel für die Auswertung der erhobenen Daten und deren Nutzung für die Weiterentwicklung des Projekts und für die Kommunikation vorhanden. Planen Sie auch für diese wichtigen Schritte genügend Ressourcen ein!

Folgende Fragen können Ihnen helfen, die Kosten überschaubar zu halten

• Sind die Informationen, die gesammelt werden sollen, wirklich notwendig?

• Liegen die Daten vielleicht schon an anderem Ort vor?

• Ist die Anzahl der Befragten (Stichprobengröße) angemessen oder zu groß?

• Gibt es kostengünstigere Erhebungsinstrumente, die genutzt werden können?

• Welche Aufgaben müssen vom externen Evaluator durchgeführt werden und welche können auch von den Projektmitarbeitenden übernommen werden?

Realistisches Erwartungsmanagement bei der Wirkungsanalyse

Mit der Wirkungsanalyse sind häufig hohe Erwartungen verbunden. Zum einen wollen die Projektverantwortlichen selbst wissen, ob ihr Projekt die erwünschten Wirkungen zeigt. Zum anderen steigen seitens der Geldgeber die Anforderungen an die Wirkungsnachweise der Projekte. Zum Teil sind diese Erwartungen aus methodischen Gründen schwer zu erfüllen, oft sind aber auch die für die Wirkungsanalyse zur Verfügung stehenden Ressourcen der begrenzende Faktor. Was können Sie tun, wenn Sie feststellen, dass die Beantwortung einer bestimmten Fragestellung einen überproportionalen Aufwand bedeuten würde?

Tauschen Sie sich mit Ihrem Geldgeber aus. Zeigen Sie auf, welche Kosten die Erhebung der Informationen mit sich bringt, und überlegen Sie gemeinsam, ob dies im Verhältnis zu den erwarteten Erkenntnissen steht und ob es möglicherweise Alternativen gibt. Wenn Geldgeber Wert auf Informationen legen, die nur mit hohem zusätzlichem Aufwand erhoben werden können, sollte Sie gemeinsam überlegen, woher die hierfür notwendigen Ressourcen kommen können.

4.3 WELCHE FRAGEN SOLLEN DURCH DIE WIRKUNGSANALYSE BEANTWORTET WERDEN?

Nachdem die logistischen Fragen geklärt wurden, geht es nun in Richtung Datenerhebung. Die Wirkungsanalyse kann wie eine riesige und komplexe Aufgabe einschüchternd wirken. Sie kann aber auch eine bewältigbare Aufgabe sein, wenn man sich vorab genau überlegt, für wen und für welchen Zweck man die Analyse macht und was man

wissen möchte. Auf dieser Grundlage lassen sich die Fragen erarbeiten, welche durch die Wirkungsanalyse beantwortet werden sollen, und für diese Fragen können dann die geeigneten Indikatoren und Erhebungsinstrumente ausgewählt werden.

Welche Erkenntnisinteressen werden im Rahmen der Wirkungsanalyse verfolgt?

Die Wirkungsanalyse soll...

• feststellen, auf welche Herausforderungen und Bedarfe das Projekt reagiert (→ Kap. 1)

• feststellen, welche Leistungen (Outputs) das Projekt erbracht hat, und Aussagen über die Projektumsetzung treffen. Die (quantitative) Erhebung der Leistungen / Outputs beantwortet die Frage: Was haben wir getan? Diese Frage lässt sich in den meisten Fällen relativ leicht beantworten. Im Rahmen der Wirkungsanalyse möchten Sie aber auch wissen, wie gut Sie etwas getan haben und ob Sie Ihre Aktivitäten in der geplanten Qualität und innerhalb des geplanten Zeitrahmens und Budgets umgesetzt haben.

• feststellen, ob und in welchem Maß das Projekt seine Wirkungsziele auf den verschiedenen Stufen der Wirkungslogik erreicht hat.

• feststellen, ob die Wirkungslogik funktioniert. Hier werden die (logischen) Grundannahmen, die hinter dem Projektkonzept stehen, mit den Erfahrungen aus der Praxis abgeglichen und hinterfragt.

Im Rahmen der *Wirkungsanalyse* sollten Sie dabei alle Aspekte im Blick haben. Je nach

Projektbeispiel PAFF:

Ein großer Teil des Monitorings bei PAFF wird im Rahmen der ehrenamtlichen Tätigkeit durch die Paten und die Patengruppenbetreuer durchgeführt. Die hauptamtliche Projektleitung trägt die Informationen zusammen und bereitet sie auf.

Die Evaluation wurde zum Teil durch Studierende des Pädagogik-Lehrstuhls im Rahmen ihrer Abschlussarbeit durchgeführt, die Kosten waren daher überschaubar. Die geplante Verbleibstudie soll von einem externen Evaluator durchgeführt werden, die Finanzierung hat die Förderstiftung, die Hauptgeldgeber für PAFF ist, zugesagt.

Tipps für die Entwicklung der Fragestellungen

• Denken Sie bei der Entwicklung der Fragestellungen daran, dass Sie Informationen für verschiedene Zwecke brauchen: Welche Informationen brauchen Sie für Ihre Berichterstattung? Welche Informationen brauchen Sie, um daraus zu lernen und gegebenenfalls Verbesserungen in der Projektarbeit umzusetzen?

• Die Entwicklung der Fragestellungen für die Wirkungsanalyse ist kein einmaliger Prozess. Fragen, die zu Beginn des Projekts erstellt werden, können im Laufe des Projekts noch angepasst werden, einige können wegfallen und andere können dazukommen.

Interessenschwerpunkt wird sich aber der Fokus der Wirkungsanalyse verschieben. Angesichts der Menge an möglichen Fragen muss eine Auswahl getroffen werden. Wenn Sie die Fragen ihrer Evaluation vor dem Hintergrund der Wirkungslogik erarbeiten, wird Ihnen das helfen, Ihre Wirkungsanalyse zu strukturieren und zu priorisieren.

Abb. Überblick Fragestellungen für die Wirkungsanalyse entlang der Wirkungslogik

Inputs	Outputs	Outcomes	Impact
Ressourcen	Leistungen	Wirkungen auf Ebene der Zielgruppe	Wirkungen auf gesellschaftlicher Ebene
Was investieren wir in unser Projekt?	Welche Leistungen bieten wir in unserem Projekt an und wen erreichen wir damit?	Was bewirkt unser Projekt bei unserer Zielgruppe? Auf welcher Stufe und in welchem Maß?	Zu welchen gesellschaftlichen Entwicklungen trägt das Projekt bei?
	1	**4**	**7**
• Wie viele Ressourcen sind in das Projekt eingeflossen?	Anzahl der Leistungen (Produkte, Seminare etc.)? Wie passen die einzelnen Projektbausteine zusammen?	Verändert sich das Wissen? In welchem Maß? Wie ändern sich die Meinungen? Inwiefern?	Hat sich der Lebensstandard der Gesellschaft vor Ort verbessert?
• Reichen die vorhandenen Ressourcen aus, um das Projekt erfolgreich durchzuführen?	**2**	**5**	Hat sich der Gesundheitszustand der Gesellschaft vor Ort verbessert?
	Werden die Zielgruppen erreicht? Anzahl der Teilnehmenden?	Verändert sich das Verhalten? Inwiefern?	Hat der Wohlstand der Gesellschaft vor Ort zugenommen?
	3	**6**	Wer hat – über die Zielgruppe hinaus – vom Projekt profitiert?
	Sind die Teilnehmenden mit dem Projekt zufrieden?	Ändert sich die individuelle Lebenssituation? Inwiefern?	Welche Ziele auf Ebene der Impacts konnten erreicht werden und welche nicht?

Fragen zur Effizienz: In welchem Verhältnis stehen Inputs (Ressourcen) und Outputs (Leistungen)? Haben die Dinge so viel gekostet wie geplant?

Frage nach der Qualität: Wurden die Leistungen in der Qualität erbracht wie geplant?

Fragen bezüglich der Wirkungslogik: Funktioniert die Wirkungslogik in der Praxis? Führen die eingesetzten Ressourcen und erbrachten Leistungen zu den erwünschten Wirkungen? Welche Teile des Projekts erweisen sich als nützlich, um die Bedarfe der Zielgruppe zu unterstützen (z.B. Ausstattung, Personal, Räumlichkeiten, Öffnungszeiten)? Was funktioniert? Was funktioniert nicht? Warum?

Prozesse und Wirkungen zusammen denken!

Während sich früher die Evaluation und die Berichterstattung eher auf die Aktivitäten des Projekts konzentrierten, geht die Entwicklung heute immer stärker dahin, dass gemeinnützige Organisationen die Wirkung ihrer Arbeit nachweisen müssen, während der Prozess nicht mehr so stark im Zentrum des Interesses steht.

Im Sinne einer wirkungsorientierten Umsetzung und Steuerung eines Projekts ist es wichtig, sowohl die Prozess- als auch die Wirkungsebene zu beachten und im Rahmen der Wirkungsanalyse zu erfassen. Denn Sie möchten wissen, welche Wirkung Sie erzielen, aber Sie möchten auch wissen, welche Teile des Projekts dazu beitragen oder wo es Hindernisse gibt, die es verhindern, (noch) bessere Resultate zu erzielen.

Negative und unerwartete Wirkungen im Blick behalten!

Im Rahmen der Wirkungsanalyse versuchen Sie festzustellen, was Sie in Ihrem Projekt „geschafft" haben und welche positiven Veränderungen für die Zielgruppe erreicht wurden. Vergessen Sie darüber aber nicht, dass im Rahmen eines Projekts auch Effekte eintreten können, die nicht geplant waren. Diese können positiv und negativ sein.

Fragen Sie daher auch:

• Wer profitiert nicht von unserem Projekt? Welche (Unter-)Zielgruppen haben wir nicht erreicht?

• Welche Ziele wurden nicht erreicht?

• Welche unerwarteten positiven Wirkungen sind aufgetreten?

• Gab es negative Wirkungen?

Nachdem Sie die Fragen für die Wirkungsanalyse erarbeitet haben, entwickeln Sie im nächsten Schritt Indikatoren, mit deren Hilfe Sie die Fragen, die Sie im Rahmen der Wirkungsanalyse stellen, beantwortbar machen (→ Kap. 5), und identifizieren die passenden Instrumente für die Erhebung der Daten (→ Kap. 6).

Fragen für Monitoring und Evaluation entlang der Wirkungslogik für das Projektbeispiel PAFF

Inputs
Ressourcen

„Das, was wir in das Projekt investieren"

- Haben die Ressourcen ausgereicht, um die gesetzten Ziele zu erreichen?

- Konnten die Ressourcen wie geplant eingesetzt werden?

- Wie ist das Verhältnis von eingesetzten Ressourcen zu Leistungen und Wirkungen?

Outputs
Leistungen

„Das, was wir in unserem Projekt tun bzw. anbieten und wen wir damit erreichen"

1

- Wurden die Leistungen wie geplant umgesetzt und angeboten?

- Wurden die Nachhilfestunden / Bewerbungstrainings wie geplant durchgeführt?

- Wie viele Bewerbungstrainings wurden durchgeführt?

- Sind die Inhalte der Trainings für die Kompetenzentwicklung geeignet?

- Sind die Paten qualifiziert für die Aufgaben?

- Ist die Betreuung der Jugendlichen durch die Paten zielführend?

- Funktioniert die Patenvermittlung?

2

- Werden Jugendliche durch das Angebot erreicht?

- Wie viele Jugendliche nehmen an den einzelnen Angeboten teil?

- Welcher Teil des Angebots wird stark/weniger stark genutzt?

3

- Sind die Jugendlichen mit dem jeweiligen Angebot zufrieden?

- Sind die Jugendlichen mit ihrem Paten zufrieden?

- Warum sind die Jugendlichen ggf. unzufrieden und womit?

- Wo besteht Verbesserungspotenzial?

Outcomes
Wirkungen auf Ebene der Zielgruppe

„Das, was wir bei unserer Zielgruppe durch unser Projekt bewirken wollen"

4

- Wissen Jugendliche durch das Angebot, wie man sich richtig bewirbt?

- Haben die Jugendlichen durch die Trainings berufsrelevante soziale Kompetenzen erworben?

- Haben die Jugendlichen ihr Wissen in den Schulfächern, in denen sie Probleme haben, verbessert?

5

- Sind die Jugendlichen in der Lage, passgenaue Bewerbungsunterlagen zu erstellen?

- Verhalten sie sich selbstsicher und sozial kompetent bei Vorstellungsgesprächen?

- Haben sich die Noten der Jugendlichen verbessert?

6

- Hilft das Projekt den Teilnehmenden beim Finden eines Ausbildungsplatzes?

- Wie viele der Teilnehmer konnten in Ausbildung vermittelt werden?

- Trägt das Projekt dazu bei, den sozioökonomischen Status der Jugendlichen zu verbessern?

- Hilft das Projekt den Jugendlichen, einen qualifizierten Schulabschluss zu erlangen?

Impact
Wirkungen auf gesellschaftlicher Ebene

„Das, wozu wir auf gesellschaftlicher Ebene mit unserem Projekt beitragen wollen"

7

- Hat sich die Übergangsquote von der Schule in die Ausbildung bei den Schülern im Stadtteil erhöht? Inwiefern hat das Projekt dazu beigetragen?

- Leistet das Projekt einen Beitrag zur Reduktion von Armut im Stadtteil?

5. WIRKUNG ÜBERPRÜFBAR MACHEN – INDIKATOREN ENTWICKELN

In diesem Kapitel erfahren Sie, …

- was Indikatoren sind und wozu man sie braucht.
- welche Arten von Indikatoren es gibt.
- was gute Indikatoren ausmacht und wie man sie entwickelt.
- was Baseline und Soll-Werte sind und wofür sie genutzt werden können.

Woran machen Sie fest, ob Sie bei Ihrer Seereise auf dem richtigen Weg sind? Vielleicht an den Küsten und Leuchttürmen, an denen Sie vorbeikommen? An der Anzeige des GPS-Systems und der Zahl der zurückgelegten Seemeilen? Oder auch an den sich verändernden Temperaturen oder dem Auftauchen von Eisbergen? Um herauszufinden, ob Sie mit Ihrem Schiff „auf Kurs" sind, nutzen Sie also sichtbare, messbare und fühlbare Hinweise.

Auch in Ihrer Projektarbeit müssen Sie kontinuierlich feststellen, ob Sie mit dem, was Sie tun, auf dem richtigen Weg sind. Und hierfür brauchen Sie, wie bei der Seereise, Anhaltspunkte, anhand derer Sie feststellen können, ob Sie sich den Zielen Ihres Projekts nähern. In den vorangegangenen Kapiteln haben Sie sich mit den Wirkungszielen, der Wirkungslogik und relevanten Fragestellungen für die Wirkungsanalyse auseinandergesetzt. Nun geht es darum, zu überlegen, wie Sie feststellen können, ob Sie die Wirkungsziele erreichen und wie Sie die Evaluationsfragen beantworten können. Für beides benötigen Sie sogenannte „Indikatoren", die Sie entwickeln müssen, um dann im nächsten Schritt auf dieser Basis im Rahmen der Wirkungsanalyse Daten erheben zu können (→ Kap. 6).

5.1 WAS SIND INDIKATOREN UND WOFÜR BRAUCHT MAN SIE?

Was sind Indikatoren?

Auch wenn Wirkungsziele so konkret wie möglich formuliert sind, lässt sich daraus in den meisten Fällen nicht ohne weiteres ableiten, ob das Ziel erreicht wurde. Deshalb ist es notwendig, mit Indikatoren zu arbeiten. Der Begriff „Indikator" kann übersetzt werden mit „Hinweis". Anhand von Indikatoren lässt sich feststellen, ob ein bestimmter Sachverhalt oder ein bestimmtes Ereignis eingetreten ist. So sind gelbe Blätter an den Bäumen ein Indikator dafür, dass der Herbst Einzug gehalten hat, und herumwirbelndes Laub ist ein Indikator für Wind. Ein Indikator dafür, dass Sie auf Ihrer Seereise Ihr Ziel erreicht haben, könnte zum Beispiel der Leuchtturm an der Einfahrt zum Hafen sein, den Sie angesteuert haben. Aber auch unterwegs helfen Indikatoren, die Frage, ob das Schiff auf dem richtigen Kurs ist, in konkrete und überprüfbare Dimensionen wie die Küstenformationen, die Temperatur, Strömung und Geschwindigkeit oder den Stand der zurückgelegten Seemeilen herunterzubrechen. Die Bildung von Indikatoren für Ihr Projekt ist sicherlich komplexer, funktioniert aber vom Grundprinzip her gleich.

Wofür braucht man Indikatoren?

Um zu wissen, ob man auf dem richtigen Weg ist, und um zu entscheiden, ob auf der Seereise der Kurs angepasst werden muss, müssen die notwendigen Informationen vorliegen, auf deren Grundlage Entscheidungen getroffen werden können. Genauso geht es während des gesamten Projektzyklus darum, rechtzeitig die Informationen zu haben, die eine wirkungsorientierte Projektsteuerung ermöglichen.

In der Planungsphase werden Indikatoren zur Beschreibung der Situation und der Bedarfe genutzt und dienen der Konkretisierung der Wirkungsziele. Für die wirkungsorientierte Projektsteuerung ist es wichtig, dass die Indikatoren (so weit wie möglich) bereits während der Planungsphase festgelegt werden, damit während der Projektumsetzung klar ist, welche Aspekte während des gesamten Projektzyklus relevant sind: Welche Wirkungsziele wollen und können wir regelmäßig beobachten? Woran stellen wir den Projektfortschritt und schließlich die Wirkung unseres Projekts fest?

Bei der Projektumsetzung sind Indikatoren ein wichtiges Instrument der Fortschrittskontrolle, des Lernens und der Steuerung. Mit Hilfe der Indikatoren lässt sich feststellen, ob das Projekt noch „auf Kurs" ist und seine Ziele entlang der Stufen der Wirkungslogik erreicht. Die regelmäßige Beobachtung der Indikatoren ist daher die Voraussetzung für die wirkungsorientierte Steuerung.

Im Rahmen einer **abschließenden Betrachtung** des Projekts sind die Indikatoren Grundlage für die Analyse und Bewertung des Erreichten. Die Resultate lassen sich mit der Situation zu Beginn des Projekts vergleichen und Sie können feststellen, ob Sie die Ziele, die Sie sich für Ihr Projekt gesteckt haben, erreicht haben (→ Kap 5.4.).

5.2 ARTEN VON INDIKATOREN

Direkte und indirekte Indikatoren

Direkte Indikatoren beziehen sich direkt auf das, was sie beschreiben wollen. Sie lassen sich besonders für zählbare Sachverhalte und Veränderungen wie Outputs, aber auch leicht messbare Wirkungen formulieren und lassen sich oft direkt aus den Zielen ableiten. Stellen Sie sich, wie im Projektbeispiel, vor, dass eines Ihrer Wirkungsziele ist, dass Jugendliche durch die Teilnahme an Ihrem Projekt einen Ausbildungsplatz bekommen. Wenn Sie nun wissen wollen, ob das Projekt diese Wirkung erreicht – woran würden Sie das erkennen? An den Jugendlichen, die nach Teilnahme an Ihrem Projekt einen Ausbildungsplatz bekommen haben. Der Indikator ist also die „Anzahl der Jugendlichen, die nach Teilnahme an Ihrem Projekt einen Ausbildungsplatz bekommen haben".

Was bei den direkten Indikatoren zum Teil recht simpel erscheint, ist jedoch oft nicht so offensichtlich. Denn nicht immer sind Indikatoren so klar und direkt ableitbar. Das führt dazu, dass viele Sachverhalte und Veränderungen auf den ersten Blick nicht überprüfbar erscheinen. In diesen Fällen werden sogenannte „indirekte Indikatoren" genutzt. **Indirekte Indikatoren** (in der Fachsprache auch Proxy-Indikatoren genannt) weisen nur mittelbar auf den zu beobachtenden Sachverhalt hin. Sie werden genutzt, wenn es nicht oder nur mit unvertretbar hohem Aufwand möglich ist, den Sachverhalt selbst zu erheben. Ein klassisches Beispiel für die Nutzung eines indirekten Indikators ist die Erhebung der Bevölkerungszahl in einem großen und schwer zugänglichen, von Nomaden besiedelten Gebiet. Statt einer praktisch kaum durchzuführenden Zählung „pro Kopf" entschied man sich dafür, nachts über das Land zu fliegen und, als indirekten Indikator, die erleuchteten Feuerstellen zu zählen. Aus Erfahrung wusste man, wie viele Mitglieder einer Familie durchschnittlich um eine Feuerstelle ihr Lager errichtet hatten, und konnte so die Bevölkerungszahl ausreichend genau bestimmen. Ein anderes Beispiel: Wenn Sie wissen möchten, wie hoch die Zahl der von Armut betroffenen Kinder in einem Stadtteil ist, wäre ein möglicher indirekter Indikator die Anzahl der Kinder des Stadtteils, die das Angebot eines kostenlosen Mittagessens nutzen.

Indirekte Indikatoren werden vor allem auch dann genutzt, wenn qualitative Sachverhalte beschrieben werden sollen, zum Beispiel Lebensumstände oder Veränderungen in Hinblick auf Einstellungen, Motivation oder Verhalten – also Dinge, bei denen nicht direkt klar ist, wie sie sich ausdrücken. Vielleicht wollen Sie mit Ihrer Erhebung herausfinden, ob die Jugendlichen im Rahmen Ihres Projekts selbstbewusster werden. Hier gilt es zu überlegen, woran ein gestärktes Selbstbewusstsein festzustellen ist. Dies kann sich unterschiedlich ausdrücken: Vertritt der Jugendliche vielleicht nun öfter seine Meinung in der Gruppe? Hat er mehr soziale Kontakte mit den anderen Teilnehmern? Hat sich vielleicht seine Körperhaltung verbessert und geht er jetzt aufrechter? Sie sehen also, hier lässt sich nicht so klar und direkt ein Indikator zuordnen. Es werden sogar mehrere Indikatoren nötig sein, um die Veränderungen abzubilden

und Aussagen über die Zielerreichung treffen zu können. Dabei ist auch zu beachten, dass indirekte Indikatoren sehr kontextabhängig sind und vor dem Hintergrund des jeweiligen Projekts und dem sozialen und gesellschaftlichen Hintergrund erarbeitet werden müssen.

Indikatoren für die verschiedenen Stufen der Wirkungslogik

Wie bei der Seereise Indikatoren notwendig sind, um festzustellen, ob die einzelnen (Etappen-)Ziele der Reise erreicht wurden, müssen auch für die verschiedenen Stufen der Wirkungslogik Indikatoren gebildet werden, um feststellen zu können, ob das Projekt auf dem richtigen Weg ist. Die Indikatoren entlang der Wirkungslogik sind damit quasi „Meilensteine" für die Steuerung Ihres Projekts. Indikatoren können, entsprechend der Wirkungslogik, in Impact-, Outcome-, Output- und Input-Indikatoren unterschieden werden. Für die wirkungsorientierte Projektarbeit sind außerdem Indikatoren für die Qualität der Projektarbeit wichtig.

Wirkungsindikatoren

Um feststellen zu können, ob und inwieweit Ihr Projekt Wirkung entfaltet, müssen Sie Wirkungsindikatoren (Outcome- und Impact-Indikatoren) bilden. Um den Fortschritt Ihrer Projektteilnehmer nachvollziehen und darstellen zu können, ist es dabei auch wichtig, nicht nur Indikatoren für langfristige Wirkungen, sondern auch für die Outcomes auf den verschiedenen Stufen der Wirkungslogik zu formulieren.

Output-Indikatoren

Outputs sind zwar noch keine Wirkungen, sie sind aber die Grundlage und die Bedingung dafür, dass Wirkungen überhaupt entstehen können. Besonders zu Beginn eines Projekts kann es sein, dass Outputs die einzigen Dinge sind, die sich erheben lassen, da Wirkungen oftmals erst nach einiger Zeit zu ermitteln sind. Wenn Sie die Wirkungen Ihres Projekts kaum überprüfen können, sollten Sie daher zumindest Aussagen über Ihre Outputs treffen können und hierfür entsprechend Indikatoren bilden. Andersherum kann der Umstand, dass Indikatoren für leicht zählbare Ziele auf Output-Ebene einfach zu finden sind, auch dazu verleiten, vor allem Output-Indikatoren zu formulieren. Wenn Sie aber wissen wollen, ob Ihr Projekt Wirkung erzielt, müssen Sie auch auf der Wirkungsebene Indikatoren entwickeln.

Input-Indikatoren

Auch Input-Indikatoren sind relevant, da sie zum einen Auskunft über die Ressourcen geben, die in das Projekt einfließen, und zum anderen, weil sich auf dieser Grundlage Rückschlüsse über die Effizienz und die Effektivität eines Projektes ziehen lassen. Wenn man die Inputs in Relation zu den Outputs und Wirkungen setzt, können nach der Datenerhebung Fragen beantwortet werden wie: Mit wie viel Inputs wurden wie viele Outputs erbracht (Effizienz) beziehungsweise mit wie vielen Inputs wurden welche Wirkungen erzielt (Effektivität)?

Qualitätsindikatoren

Eine weitere Art von Indikatoren, die sich nicht direkt auf die Wirkungslogik bezieht, aber für die wirkungsorientierten Pro-

Inputs	**Outputs**	**Outcomes**	**Impact**
Ressourcen	Leistungen	Wirkungen auf Ebene der Zielgruppe	Wirkungen auf gesellschaftlicher Ebene
„Das, was wir in das Projekt investieren"	*„Das, was wir in unserem Projekt tun bzw. anbieten und wen wir damit erreichen"*	*„Das, was wir bei unserer Zielgruppe durch unser Projekt bewirken wollen"*	*„Das, wozu wir auf gesellschaftlicher Ebene mit unserem Projekt beitragen wollen"*

1

Menge der eingesetzten Ressourcen:

Anzahl der ...

- Anzahl der hauptamtlichen Mitarbeiter
- Anzahl der Paten
- Anzahl der Patengruppen-betreuer
- Eingesetzte Zeit je Mitarbeiter
- Höhe der finanziellen Ressourcen
- zur Verfügung stehende Räum-lichkeiten
- zur Verfügung stehende Materialien (Computer etc.)

- Nachhilfestunden
- Bewerbungstrainings
- Beratungen für Jugendliche
- Treffen mit Paten und Jugendlichen
- Patenvermittlung
- Patenschulungen
- Patensupervision
- Patenweiterbildung
- Projektflyer
- Projektleitfaden
- Ratgeber mit Tipps

4

Anzahl der Jugendlichen, die ...

- wissen, wie man sich richtig bewirbt
- soziale Kompetenzen erworben haben, die für einen erfolgreichen Berufsein-stieg notwendig sind
- ihre Kenntnisse in den Kernschulfächern verbessert haben

7

- Übergangs- und Ausbildungsquote im Stadtteil
- Veränderung der Jugendarbeits-losenquote im Stadtteil

5

Anzahl der Jugendlichen, die ...

- selbstständig qualitativ gute Bewerbungsunterlagen erstellen
- sich bei Vorstellungsgesprächen sozial kompetent verhalten
- angeben, selbstsicherer in Vorstellungs-gespräche zu gehen
- Verbesserung der Schulnoten innerhalb eines bestimmten Zeitraums

2

- Anzahl der Jugendlichen, die am Projekt teilnehmen
- Anzahl der Jugendlichen, die an den einzelnen Angeboten des Projekts teilnehmen.

3

- Anzahl der Jugendlichen, die mit dem Projekt und den Angeboten zufrieden sind

6

- Anzahl der Jugendlichen, die einen quali-fizierten Schulabschluss erreicht haben
- Anzahl der Jugendlichen, die inner-halb von x Monaten nach Teilnahme am Projekt einen Ausbildungsplatz bekommen haben
- Veränderung des sozioökonomischen Status der Jugendlichen (Einkommen etc.)

Abb. Indikatoren für das Projektbeispiel PAFF

jeksteuerung wichtige Hinweise auf die Qualität der angebotenen Leistungen gibt, sind Qualitätsindikatoren. Im Rahmen der Projektplanung sollten Sie Qualitätsstan-dards formulieren, die Sie an Ihr Projekt anlegen, und hierfür Indikatoren entwickeln. Solche Standards können beispielsweise sein, dass Nachhilfestunden nur von Lehrern oder Lehramtsstudenten der jeweiligen Fachrich-tung durchgeführt werden oder dass Paten regelmäßig von einer ausgebildeten Supervi-sorin begleitet werden. Die Qualitätskriterien werden später im Rahmen des Monitorings mit der Realität abgeglichen. Wie bei den Output-Indikatoren gilt auch hier: Gerade wenn Sie ein Projekt umsetzen, bei dem sich Wirkungen schwer nachweisen lassen, sollten Sie versuchen, die Qualität Ihres Projekts mit Hilfe aussagekräftiger Qualitätsindikatoren zu belegen.

WIRKUNG
PLANEN

1

WIRKUNG
ANALYSIEREN

2

WIRKUNG
VERBESSERN

3

5.3 SCHRITTE ZUR INDIKATO-RENENTWICKLUNG

Idealerweise sollten Indikatoren so früh wie möglich – am besten während der Planungsphase des Projekts – erarbeitet werden. Das bedeutet allerdings nicht, dass im Projektverlauf oder bei einer abschließenden Evaluation nicht noch Indikatoren dazukommen können. Indikatoren werden auf der Grundlage von Fragestellungen entwickelt, und es ist gut möglich, dass spezifische Fragestellungen erst im Projektverlauf auftauchen.

In die Entwicklung der Indikatoren sollten die Personen, die an der Planung, Durchführung und Wirkungsanalyse des Projekts beteiligt sind, eingebunden sein. Neben den Mitarbeitern im Projekt sollten auch Vertreter Ihrer Förderer einbezogen werden. Diese können mit ihren spezifischen Sichtweisen, aber auch Erwartungen hilfreich bei der Entwicklung und Priorisierung der Indikatoren sein.

Grundsätzlich sollten Sie für alle Stufen Ihrer Wirkungslogik Indikatoren entwickeln, da für eine wirkungsorientierte Steuerung die Erhebung von Daten zu allen Bereichen wichtig ist. Dies gilt auch, wenn Sie nicht für alle Bereiche Daten erheben – weil sich Ihr Erkenntnisinteresse auf eine bestimmte Fragestellung richtet oder Ihre Ressourcen eine umfassende Betrachtung nicht zulassen.

Wie gehen Sie nun konkret vor, um die Indikatoren für Ihr Projekt zu erarbeiten? Im Folgenden finden Sie vier Schritte, an denen Sie sich orientieren können.

Schritt 1: Ideen sammeln

Grundlage und Ausgangspunkt für die Entwicklung von Indikatoren sind die Ziele des Projekts, die für die verschiedenen Stufen der Wirkungslogik festgehalten wurden, und die für die Wirkungsanalyse entwickelten Fragestellungen (→ Kap. 2). Schreiben Sie diese für alle sichtbar, zum Beispiel an einem Flipchart, auf. Gehen Sie die Punkte einzeln durch und überlegen Sie gemeinsam, woran Sie erkennen würden, dass ein bestimmtes Ziel erreicht wurde, oder wie Sie die Fragen für die Wirkungsanalyse beantworten würden. Es geht in diesem ersten Schritt darum, Ideen zu sammeln, und noch nicht darum, diese zu bewerten. Sammeln Sie daher alles, ohne sich von vornherein zu beschränken. Notieren Sie die Vorschläge der Gruppenmitglieder oder lassen Sie diese ihre Ideen auf Kärtchen schreiben, die Sie dann den Zielen und Fragestellungen zuordnen.

Schritt 2: Strukturierung und Verfeinerung der Ideen

Im zweiten Schritt werden die Ideen strukturiert und verfeinert. Schauen Sie sich die zusammengetragenen Ideen an, fassen Sie diese sinnvoll zusammen, ergänzen Sie wo notwendig und streichen Sie Doppelungen. Zum Teil können die Wirkungsziele mit *einem* Indikator erfasst werden, vor allem, wenn es sich um quantitative Merkmale handelt, wie zum Beispiel die Anzahl der Jugendlichen, die nach Teilnahme am Projekt einen Ausbildungsplatz gefunden haben. Für komplexere Wirkungsziele sind zumeist mehrere Indikatoren notwendig, um mit einer Mischung aus qualitativen und quantitativen Aussagen

Ziel	Dimension	Indikatoren
Jugendliche haben nach Teilnahme am Projekt einen Ausbildungsplatz (direkt überprüfbar)	zählbar	Anzahl der Jugendlichen, die innerhalb von 6 Monaten nach Teilnahme am Projekt einen Job haben
Jugendliche verfügen über höhere Bewerbungskompetenzen (nicht direkt überprüfbar)	zählbar	Anzahl der Teilnehmenden an Trainings
		Anzahl der nach der Bewerbung erhaltenen Jobzusagen
	beschreibbar	Jugendliche wissen, wie eine gute Bewerbung aufgebaut ist
		Jugendliche haben eine klare berufliche Perspektive
		Qualität der erstellten Bewerbungsunterlagen (Aussehen, Formulierung, Vollständigkeit)
		Jugendliche erstellen selbstständig eine Bewerbung

Indikatorensets als Anregung nutzen!

Bei der Entwicklung Ihrer Indikatoren können Sie sich auch an anderen Organisationen in Ihrem Themenfeld orientieren oder bereits vorhandene Indikatorensets (die Sie in der Fachliteratur, aber auch im Internet finden) für einen bestimmten Themenbereich zur Anregung nutzen. Einfach übernehmen sollten Sie diese aber nicht – schließlich ist kein Projekt genau wie Ihres, und die Entwicklung der Indikatoren ist ein wichtiger Schritt in der Projektentwicklung.

Projektbeispiel PAFF

Anstatt also zu formulieren: „Ein Großteil der Jugendlichen hat einen Ausbildungsplatz", ist die bessere Formulierung für diesen Indikator: *„Die Anzahl der arbeitslosen Jugendlichen im Stadtteil xy, die innerhalb von 6 Monaten nach der Teilnahme am Bewerbungstraining einen Ausbildungsplatz haben".*

die Zielerreichung oder eine Entwicklung zu beschreiben. Überlegen Sie, ob die Indikatoren die verschiedenen Dimensionen, die Ihre Ziele und Evaluationsfragen haben können, abdecken. Wodurch kann sich beispielsweise die Erreichung eines Ziels wie „Jugendliche haben höhere Bewerbungskompetenzen" ausdrücken? Gibt es eine zählbare Dimension? Welche beschreibbaren Dimensionen gibt es?

Schritt 3: Indikatoren formulieren

Damit ein Indikator aussagekräftig und messbar wird, sollte er wie die Ziele SMART, das heißt Spezifisch, Messbar, Akzeptiert, Realistisch und Terminierbar formuliert sein (→ Kap. 2). Formulieren Sie den Indikator so, dass er verdeutlicht, *bei wem was in welchem Zeitraum* erreicht werden soll. Je nachdem, von welchem Erkenntnisinteresse Sie ausgehen, kann die Frage noch um *Wo* (zum Beispiel in einem bestimmten Stadtteil) und *Wie gut* (Qualität) ergänzt werden. Bei den SMART-Kriterien ist zu beachten, dass es (wie auch bei der Zielformulierung) nicht immer sinnvoll oder möglich ist, einem Indikator eine zeitliche Komponente hinzuzufügen. Überlegen Sie bei der Formulierung auch, in welcher Form beziehungsweise Maßeinheit Sie den Indikator sinnvoll darstellen. Mög-

lichkeiten sind hier unter anderem: Anzahl, Summen, Durchschnitte, der Prozentsatz einer (Gesamt-)Menge, der Prozentsatz einer Veränderung etc.

Die Herausforderung, Indikatoren SMART zu formulieren, kann unter Umständen dazu verleiten, vor allem Indikatoren auf Output-Ebene und Indikatoren für Wirkungen, die „gezählt werden können", zu formulieren. Hier gilt es jedoch, eine gute Mischung aus Indikatoren zu finden, die sowohl quantitative als auch qualitative Aspekte beleuchten. Im Kapitel zur Wirkungslogik wurde dargestellt, wie wichtig es in der wirkungsorientierten Projektarbeit ist, die sogenannten „Soft Outcomes" und die erreichten Fortschritte zu berücksichtigen (→ Kap. 3). Um diese zu erheben, müssen auch hierfür Indikatoren erarbeitet werden.

Schritt 4: Auswahl der zu erhebenden Indikatoren

Sind die Indikatoren formuliert, kann es sein, dass Sie recht viele davon haben, sodass Sie diese noch einmal priorisieren müssen. Denn es geht nicht darum, möglichst viele Indikatoren zu haben, sondern ein kleines, aber dafür aussagekräftiges Indikatorenset. Denken Sie daran, dass Sie pro Ziel und Fra-

Tipps für die Auswahl von Indikatoren

- Erheben Sie sowohl Indikatoren, die quantitative, als auch solche, die qualitative Aspekte Ihres Projekts beleuchten. Denn, „nicht alles, was zählt, kann gezählt werden und nicht alles, was gezählt werden kann, zählt." (Albert Einstein).

- Denken Sie daran, dass das zentrale Ziel der Wirkungsanalyse ist, aus den Ergebnissen zu lernen und, wo notwendig, daraufhin Veränderungen am Projekt vorzunehmen. Fragen Sie sich daher bei der Auswahl der Indikatoren: Welche Informationen brauchen wir, um festzustellen, dass es bei unseren Projektteilnehmern zu den erwünschten Entwicklungen kommt? Welche Informationen brauchen wir, um festzustellen, ob und wie wir unser Projekt anpassen müssen beziehungsweise (noch) weiter verbessern können? Woran würden wir merken, dass in unserem Projekt etwas schiefläuft?

- Neben Lernen und Verbessern spielen bei der Auswahl der Indikatoren natürlich auch die Berichtsanforderungen eine wichtige Rolle. Beziehen Sie Ihre Stakeholder und dabei vor allem Ihre Geldgeber so früh wie möglich in das Projekt ein und tauschen Sie sich über Ihre gegenseitigen Erwartungen sowohl bezüglich der Ziele des Projekts aus auch im Hinblick auf die Wirkungsnachweise aus. Überlegen Sie gemeinsam, zu welchen Indikatoren sinnvollerweise Daten erhoben werden sollen.

Projektbeispiel PAFF

In der untenstehenden Tabelle haben wir in unserem Projektbeispiel mögliche Indikatoren für Soft Outcomes für Sie zusammengefasst.

Bei Indikatoren für Soft Outcomes handelt es sich zumeist um indirekte Indikatoren. Diese sind sehr kontextabhängig und müssen für jedes Projekt individuell entwickelt werden. Dennoch können Beispiele aus anderen Projekten hier hilfreiche Anregungen geben.

gestellung mindestens einen Indikator brauchen, zum Teil aber auch mehrere Indikatoren notwendig sein können, um sinnvolle und substanzielle Aussagen möglich zu machen.

Um sicherzugehen, dass ein Indikator auch tatsächlich überprüfbar ist, muss zunächst überlegt werden, ob sich die Daten für den Indikator erheben lassen. Dazu muss festge-

stellt werden, ob eine Datenquelle vorhanden und ob diese auch zugänglich ist. Ist dies der Fall, muss im nächsten Schritt überlegt werden, wie hoch der Aufwand für die Erhebung der Daten ist. Hier ist es unter Umständen notwendig abzuwägen: Steht der Aufwand für die Erhebung angesichts des zu erwartenden Nutzens durch die erhobenen Informationen in einem angemessenen Verhältnis? (→ Kap. 6)

Kategorien	Beispiele für Indikatoren
Verhaltensweisen, Einstellungen, persönliche Fähigkeiten und Kompetenzen (u.a. Motivation, Selbstbewusstsein, Selbstvertrauen, Verantwortungsbewusstsein, Zuverlässigkeit)	Anzahl / Prozentsatz der Jugendlichen, die ... · regelmäßig an den Projektangeboten teilnehmen · sich selbstständig um die Terminabsprachen mit ihren Paten kümmern · pünktlich zu Terminen erscheinen · mit einem positiven Gefühl in Vorstellungsgespräche gehen · über sich selbst sagen, dass sie sich mehr zutrauen · eine selbstbewusstere (aufrechtere) Körperhaltung haben · in Gesprächen den Blickkontakt halten · in Gesprächen ihre eigene Meinung vertreten · ihre Verantwortung für ihre eigenen Leistungen (z.B. Schulnoten) erkennen · offen über ihre Probleme, Wünsche etc. sprechen · auf ein gepflegtes Äußeres achten · sich auf eine Aufgabe konzentrieren können
Praktische Fähigkeiten und Kompetenzen	Anzahl / Prozentsatz der Jugendlichen, die ... · qualitativ gute Bewerbungen schreiben können · verantwortungsvoll mit Geld umgehen können · ihre Rechte und Pflichten kennen und diese wahrnehmen können
Berufliche Fähigkeiten und Kompetenzen	· Anzahl der (angefangenen, beendeten) Jobs · Abwesenheitsquote bei der Arbeit Anzahl / Prozentsatz der Jugendlichen, die ... · mit ihren Kollegen im Team zusammenarbeiten · Aufgaben und Probleme selbstständig lösen bzw. gezielt nach Hilfe fragen · verständlich und höflich mit ihren Kollegen/Vorgesetzten/ Kunden kommunizieren · die für ihren beruflichen Kontext relevanten IT-Anwendungen kompetent nutzen

65

Die Entscheidung, welche Indikatoren wichtig für Ihre wirkungsorientierte Projektsteuerung sind und eine höhere Priorität haben als andere, die auch interessant und relevant sind, müssen Sie selbst treffen. Im Ergebnis sollten Sie ein „SMARTes", übersichtliches und aussagekräftiges Indikatorenset haben, dem Sie im nächsten Schritt Soll-Werte zuordnen können.

5.4 WIE VIEL SOLL'S DENN SEIN? – BASELINES UND SOLL-WERTE

Baselines

Baseline-Daten sind Informationen über die Ausgangssituation vor Beginn des Projekts. Ohne diese Informationen kann nicht festgestellt werden, ob beziehungsweise welche Entwicklungen seit Projektbeginn stattgefunden haben und welche Wirkungen durch das Projekt erzielt wurden. Ein Beispiel hierfür ist die Übergangsquote von der Schule in eine Ausbildung an einer Hauptschule vor und nach der Einführung eines Projekts zur Unterstützung von Jugendlichen bei ihrem Weg in den Beruf. Wenn hier vor Beginn des Projekts nicht festgestellt wird, wie hoch die Übergangsquote ohne die unterstützende Intervention ist, ist es während oder am Ende des Projekts kaum möglich, festzustellen, ob sich die Quote verändert hat. Im Idealfall werden Baseline-Daten im Rahmen der Bedarfs- und Umfeldanalyse und bis spätestens einem Jahr nach Projektbeginn erhoben. Je länger das Projekt bereits läuft, umso schwieriger wird es, Daten für eine Baseline zu bekommen. Auch kann es vorkommen, dass zu Beginn des Projekts noch nicht alle Indikatoren bekannt waren, die sich im Laufe des Projekts als wichtig herausstellen. Welche Möglichkeiten gibt es, um im Nachhinein Vergleichsmöglichkeiten zu schaffen?

Was tun, wenn keine Baseline erhoben wurde?

Um einen Eindruck über die Situation der Teilnehmenden vor Beginn des Projekts zu bekommen, kann zum Beispiel gefragt werden, wie eine Person ihre Situation jetzt (nach beziehungsweise während des laufenden Projekts) einschätzt. Die Antwort wird auf einer Skala festgehalten. Daraufhin fragt man, wie die Person ihre Situation vor Teilnahme am Projekt rückwirkend einschätzt, und lässt die Antwort auf der gleichen Skala einordnen. Diese „rückwirkende Baseline" kann gerade bei individuellen und Soft Outcomes recht aussagekräftig sein, denn oft haben die Teilnehmenden im Rahmen der Intervention gelernt, ihre Situation besser einzuschätzen, und können daher auch realistischer beurteilen, wie ihre Situation vor Beginn des Projekts war. Auch können beteiligte Dritte, zum Beispiel die Eltern, befragt werden, wie sie die Situation ihrer Kinder vor und nach dem Projekt einschätzen.

Wenn erst während des laufenden Projekts klar wird, welche Indikatoren wichtig sind, müssen vor dem Hintergrund dieser Indikatoren rückwirkend Informationen generiert werden. Hierfür können zum Beispiel alte Aufzeichnungen nützlich sein oder das Sammeln von Anekdoten und Situationsbeschreibungen von Personen, die seit Beginn des Projekts dabei waren.

Wenn Ihr Projekt bereits läuft und es nicht möglich ist, im Nachhinein Daten zu erheben, können Sie auch den Zeitpunkt, an dem Sie beginnen, Daten zu erheben, als Punkt für die Erhebung der Baseline nehmen und die hier gewonnen Informationen als Bezugspunkt für die künftigen Erhebungen nutzen.

WIRKUNG
PLANEN

1

2

WIRKUNG
ANALYSIEREN

WIRKUNG
VERBESSERN

3

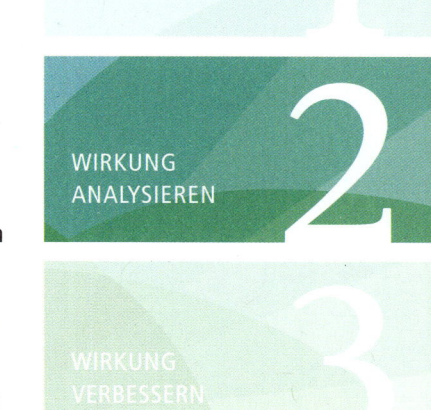

Die Daten der Baseline werden den Ergebnissen aus Monitoring und Evaluation, die im Projektverlauf und am Ende des Projekts erhoben werden, gegenübergestellt. Dadurch können Aussagen über Entwicklungen getroffen werden (→ Kap. 7). Neben der Baseline sind die sogenannten „Soll-Werte" ein wichtiger Orientierungspunkt für die wirkungsorientierte Projektsteuerung.

Soll-Werte

Hat PAFF sein Ziel erreicht, wenn die Hälfte der Patenkinder einen Ausbildungsplatz bekommen hat? Oder bereits, wenn nur eines den Sprung in den Beruf geschafft hat? Oder sind die Projektverantwortlichen erst zufrieden, wenn so gut wie alle Teilnehmenden eine Lehrstelle haben? Um Aussagen über die Zielerreichung treffen zu können, müssen zum einen Indikatoren festgelegt sein. Zum anderen muss aber auch klar sein, welche „Soll-Werte" (auch „Ziel-Werte" genannt) angestrebt werden, bei denen man von der Erreichung des Ziels sprechen würde. Was sich zunächst recht technisch und „zahlengetrieben" anhört, ist im Grunde genommen nur die Konkretisierung der gesetzten Ziele. Auf dieser Grundlage kann das Projekt konkret geplant werden. Denn es macht, alleine was die benötigten Ressourcen angeht, einen Unterschied, ob PAFF mit seinem Patenschaftsprojekt 10 oder 100 junge Menschen erreichen möchte.

Soll-Werte ergeben sich zum einen aus den Bedarfen. Im Idealfall sollen nach Projekt-

teilnahme natürlich alle Jugendlichen einen Ausbildungsplatz haben. Zum anderen ist es aber notwendig, den Idealfall mit einem realistischen Erwartungsmanagement zu verbinden. Realistische Soll-Werte ergeben sich aus der eigenen Erfahrung, aus der Erfahrung aus anderen Projekten (→ Kap. 7 „Benchmarks") oder einem Abgleich zwischen der Baseline und Zwischenresultaten, die während des Projektverlaufs erhoben wurden. Wenn es bei Projektbeginn weder eine Baseline noch Erfahrungswerte gibt, sollte der Soll-Wert zunächst „nach bestem Wissen und Gewissen" und vor dem Hintergrund der für das Projekt vorhandenen Ressourcen selbst gesetzt und entsprechend angepasst werden, sobald die notwendigen Informationen vorliegen.

Soll-Werte setzen: Risiko oder Ansporn?

Projektverantwortliche zögern oft, wenn es darum geht, Soll-Werte zu setzen. Denn es kann sein, dass diese nicht erreicht werden, und gerade auf der Ebene der Wirkungen ist es oft schwer, vorher zu sagen, was realistisch erreicht werden kann. Aber: Sinnvoll gesetzte Soll-Werte helfen, die Erwartungen an das Projekt realistisch zu halten und Ressourcen zu planen. Können sich die Soll-Werte während des Projektverlaufs verändern? Ja, auf jeden Fall! Vor dem Hintergrund der während des Projekts gesammelten Daten können die Soll-Werte korrigiert werden, oder aber das Projekt beziehungsweise die eingesetzten Ressourcen können so angepasst werden, dass die Soll-Werte erreichbar werden.

Nicht vergessen:

Soll-Werte können (und sollen) als positive Herausforderungen motivieren! Setzen Sie die Sollwerte für Ihr Projekt also nicht zu hoch, aber auch nicht zu niedrig!

Ebene	Ziel	Indikator	Baseline-Daten	Soll-Wert	Grundlage für den Soll-Wert
Output	Bewerbungstrainings werden durchgeführt.	Anzahl Bewerbungstrainings	Bisher wurden noch keine Bewerbungstrainings durchgeführt.	Im nächsten Schuljahr werden 2 Bewerbungstrainings angeboten.	Es wurde der Bedarf für 5 Bewerbungstrainings festgestellt. Vor dem Hintergrund der vorhandenen Ressourcen wurde der Soll-Wert aber (zunächst) auf 2 Trainings festgelegt.
Output	Die teilnehmenden Jugendlichen haben einen Paten bekommen.	Anzahl der vermittelten Paten	10 vermittelte Paten in den ersten 6 Monaten des Projekts	25 vermittelte Paten bis Ende des Jahres	Aus der bisherigen Erfahrung bei der Patenvermittlung wird der Soll-Wert festgelegt, den die Projektverantwortlichen in einem bestimmten Zeitraum erreichen wollen.
Outcome	Die teilnehmenden Jugendlichen haben soziale Kompetenzen erworben, die für einen erfolgreiche Berufseinstieg notwendig sind.	Indikatoren zu „sozialen Kompetenzen" (u.a.: zu Zuverlässigkeit, Pünktlichkeit, Konfliktlösungsfähigkeit, Teamfähigkeit)	Im Durchschnitt wurden die sozialen Kompetenzen der Jugendlichen vor Projektteilnahme auf einer Skala von 1-10 bei 5,2 eingeschätzt.	Wenn die Jugendlichen das Projekt abschließen, sollen die sozialen Kompetenzen auf der gleichen Skala im Durchschnitt bei 7,0 eingeschätzt werden.	Der Soll-Wert lehnt sich an die Erfahrungen aus einem vergleichbaren Projekt an, die diesen Wert im Rahmen einer Evaluation ermittelt haben. Befragt wurden hier die Lehrer zu ihrer Einschätzung der Jugendlichen.
Outcome	Die teilnehmenden Jugendlichen erarbeiten selbstständig qualitativ gute Bewerbungsunterlagen.	Prozentsatz der Jugendlichen, die Bewerbungsunterlagen in guter Qualität erstellen	Zu Projektbeginn können 30% der Jugendlichen Bewerbungsunterlagen in guter Qualität erstellen (Ergebnis wurde beim „Eingangstest" festgestellt).	Wenn die Jugendlichen das Projekt abschließen, können 85% von ihnen Bewerbungsunterlagen in guter Qualität erstellen (Ergebnis wurde anhand der Bewerbungen für Ausbildungsplätze gegen Ende des Projekts festgestellt).	Das Projekt hat es sich selbst zum Ziel gesetzt, dass zu Projektabschluss so gut wie alle Jugendlichen in der Lage sind, „ordentliche" Bewerbungsunterlagen zu erstellen. Die Kriterien für gute Bewerbungsunterlagen sind in einer Checkliste festgehalten.
Outcome	Die teilnehmenden Jugendlichen haben einen Ausbildungsplatz.	Prozentsatz der teilnehmenden Jugendlichen, die einen Ausbildungsplatz haben	47% aller Schulabgänger aus den kooperierenden Hauptschulen bekommen direkt nach Schulabschluss einen Ausbildungsplatz. Bei der Gruppe der Jugendlichen, für die eine Teilnahme bei PAFF sinnvoll erscheint, sind es nur 35%.	Nach zwei Jahren Projektlaufzeit bekommen 70% der Projektteilnehmenden direkt nach Schulabschluss einen Ausbildungsplatz.	Das Projekt hat die Übergangsquote gemeinsam mit den am Projekt beteiligten Unternehmen gesetzt. Sie soll als gemeinsamer „Ansporn" dienen, auch wenn es wahrscheinlich schwer sein wird, sie zu erreichen.
Impact	Die Jugendarbeitslosigkeit im Stadtteil sinkt.	Jugendarbeitslosigkeit im Stadtteil xy von Frankfurt	Die Jugendarbeitslosigkeitsquote für den Stadtteil xy von Frankfurt beträgt 30 %*. * fiktiver Wert für dieses Projektbeispiel	Für dieses Ziel auf gesellschaftlicher Ebene einen Soll-Wert festzulegen erschien den Projektverantwortlichen von PAFF als wenig hilfreich und sinnvoll, da die Höhe der Jugendarbeitslosigkeit vielen verschiedenen Einflussfaktoren unterliegt und der Einfluss von PAFF darauf schwer zu bestimmen ist.	
Qualität	*Qualifizierte* Nachhilfe wird durchgeführt.	Prozentsatz der gesamten Nachhilfestunden, die von Lehrkräften oder Lehramtsstudenten des entsprechenden Fachs durchgeführt werden	Bislang werden die Hälfte aller Nachhilfestunden, von Lehrkräften oder Lehramtsstudenten des entsprechenden Fachs durchgeführt (die andere Hälfte der Nachhilfestunden wird von Personen durchgeführt, die keine ausgebildeten Lehrkräfte sind).	Alle Nachhilfestunden, werden von Lehrkräften oder Lehramtsstudenten des entsprechenden Fachs durchgeführt.	Qualitätsstandard ist im Projektkonzept festgelegt.

Projektbeispiel PAFF: Anhand des nebenstehenden Projektbeispiels werden einige Beispiele für Indikatoren und die dazugehörigen Baseline-Daten und Soll-Werte gezeigt, und es wird beschrieben, auf welchen Grundlagen die Soll-Werte gesetzt wurden. Sie finden diese Tabelle auch als *Template* für Ihr eigenes Projekt im Download zu diesem Kursbuch: *www.phineo.org/publikationen*

Individuelle Soll-Werte gemeinsam mit den Teilnehmenden setzen

Soll-Werte lassen sich nicht nur auf Ebene des Projekts setzen, sondern auch für die individuellen Ziele der Teilnehmenden. Wo immer möglich, sollten diese individuellen Soll-Werte gemeinsam mit den einzelnen Teilnehmenden gesetzt werden. So können Pate und Paten „kind" im Projekt PAFF zum Beispiel gemeinsam planen, welche Notenverbesserung sie bis Ende des Schuljahres erreichen wollen. Gemeinsam gesteckte Ziele motivieren und ermöglichen eine teilnehmerbezogene und individuelle Projektsteuerung.

Checkliste für die Indikatorenentwicklung

	ja	nein	Bemerkung
Jedem Ziel beziehungsweise jeder Evaluationsfrage ist mindestens ein Indikator zugeordnet.			
Die Indikatoren erfüllen die SMART-Kriterien.			
Die unterschiedlichen Aspekte eines Ziels werden durch Indikatoren abgedeckt.			
Es gibt nicht mehrere Indikatoren, die dasselbe messen.			
Den Indikatoren sind (soweit möglich und sinnvoll) Soll-Werte zugeordnet.			
Bei der Erarbeitung der Indikatoren wurden die Stakeholder eingebunden.			

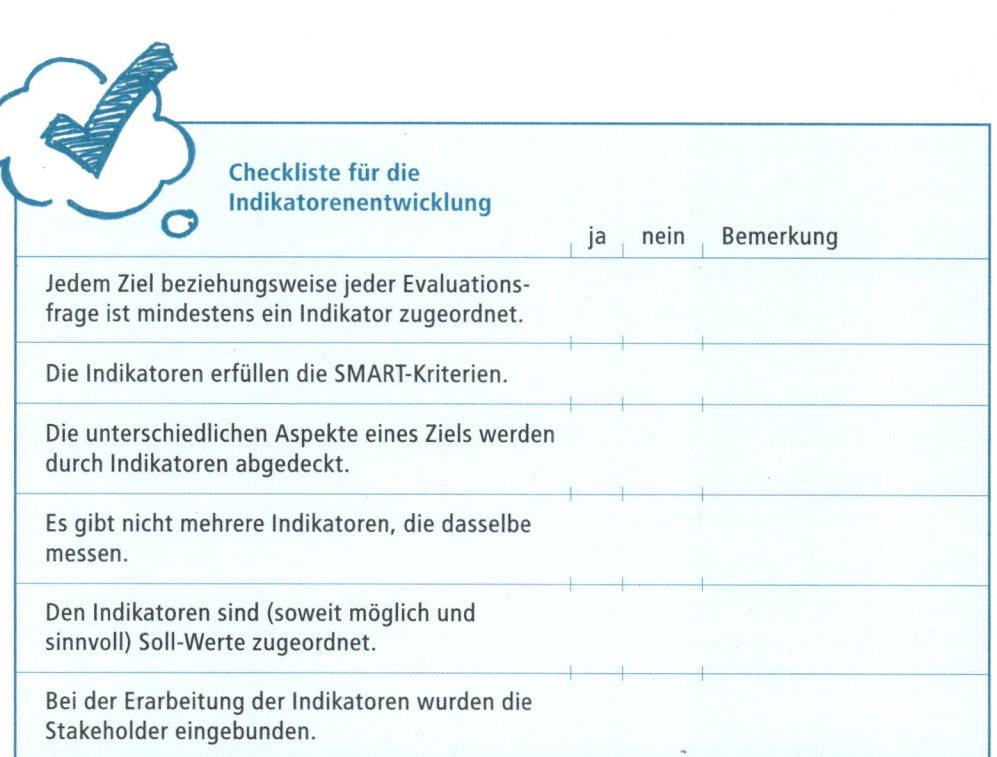

6. DATEN FÜR DIE WIRKUNGS-ANALYSE ERHEBEN

In diesem Kapitel erfahren Sie, …

- wie Sie die passenden Datenquellen für Ihre Erhebung identifizieren.
- welche Datenerhebungsmethoden es gibt und wie Sie die passende Methode für Ihren Bedarf auswählen können.
- welche Möglichkeiten Sie haben, schwer zu erhebende Wirkungen zu ermitteln.
- auf welche Qualitätskriterien Sie bei der Datenerhebung achten sollten.

Unter vollen Segeln und mit den Passagieren an Bord, sind Sie auf dem Weg zum Ziel Ihrer Reise. Mit Hilfe der Indikatoren wissen Sie auch, auf was Sie achten müssen, um festzustellen, ob Sie auf dem richtigen Kurs sind. Aber wie beobachten Sie die Indikatoren? Sie stehen im Ausguck und schauen durch das Fernglas, Sie messen Ihre Position mit Hilfe des Sextanten, hören die Informationen, die

Sie über Funk empfangen, lesen die Seekarten und befragen Ihre Passagiere. Es gibt also verschiedene Möglichkeiten, Informationen zu den Indikatoren zu erheben.

Auch in Ihrem Projekt haben Sie festgelegt, welche Informationen Sie für die wirkungsorientierte Projektsteuerung benötigen. Sie haben Fragen für die Wirkungsanalyse erarbeitet und Indikatoren entwickelt. Nun müssen Sie überlegen, wie Sie die Informationen erheben.

6.1 DATENERHEBUNG – DIE PRAKTISCHEN SCHRITTE

Im Folgenden wird in drei Schritten das Vorgehen bei der Datenerhebung erläutert. Im ersten Schritt sollten Sie einen Datenerhebungsplan erstellen, der Ihnen dabei hilft, die Datenerhebung zu strukturieren, die weiteren Schritte zu planen und den Überblick zu behalten. Im zweiten Schritt müssen Sie die

Datenquellen identifizieren, das bedeutet, Sie müssen feststellen, woher Sie die Daten, die Sie erheben möchten, bekommen können. Im dritten Schritt geht es dann darum, die Daten zu erheben. Für die Datenerhebung stehen verschiedene Methoden bereit, und es gilt hier, die für die jeweilige Fragestellung und den jeweiligen Kontext passende Methode zu finden.

Es geht im Folgenden nicht darum, Sie zu Experten für Datenerhebung zu machen, sondern es soll ein Überblick über die verschiedenen Möglichkeiten der Datenerhebung gegeben werden. Die verschiedenen Methoden der Datenerhebung sind unterschiedlich komplex. Einige davon können auch mit relativ wenig Vorkenntnissen und Ressourcen angewendet werden. Bei vielen Methoden ist es jedoch hilfreich, Fachleute hinzuzuziehen (→ Kapitel 4.2 „Wer soll die Wirkungsanalyse durchführen?").

Schritt 1: Einen Datenerhebungsplan erstellen

Der Datenerhebungsplan auf → S. 72 hilft Ihnen, die Datenerhebung zu strukturieren und zu planen sowie den Überblick zu behalten.

Schritt 2: Datenquellen identifizieren

Nachdem Sie den Datenerhebungsplan erstellt haben, stellt sich die Frage, woher Sie die Daten für Ihre Wirkungsanalyse bekommen. Denn bevor Sie Daten erheben können, müssen Sie feststellen, aus welchen Quellen die Daten für die einzelnen Indikatoren erhoben werden können.

Datenquellen sind vor allem Mitglieder der Zielgruppe und andere Stakeholder sowie interne und externe Dokumente. Für jeden Indikator muss mindestens eine Datenquelle identifiziert werden. Dabei sollten folgende Fragen berücksichtigt werden:

- Ist die Datenquelle leicht und regelmäßig zugänglich?
- Sind die Kosten hierfür in einem vertretbaren Rahmen?
- Kann die Datenquelle qualitativ hochwertige Daten zur Verfügung stellen?

Haben Sie die Datenquelle identifiziert, müssen Sie im nächsten Schritt herausfinden, mittels welcher Methode die Informationen erhoben werden können.

Schritt 3: Daten erheben

Grundsätzlich gibt es zwei Möglichkeiten, Daten zu sammeln. Zum einen kann auf bereits vorhandene Daten zurückgegriffen werden, zum anderen können Daten neu erhoben werden.

Vorhandene Daten nutzen

Viele Informationen liegen bereits vor. Neben den Daten aus externen Quellen, wie zum Beispiel offizielle Statistiken und Erhebungen, gibt es oft auch innerhalb der Organisation bereits Informationen, auf die zurückgegriffen werden kann. Diese finden sich in Dokumentationen und Projektunterlagen, in Evaluationen und Jahresberichten, in Dokumenten mit Informationen über die Teilnehmer, vor allem aber in den Köpfen der Mitarbeiter. Letztere sind eine unverzichtbare Quelle für Informationen und sollten von Anfang an in die Wirkungsanalyse mit einbezogen werden.

Blockieren Sie Ihr Projekt nicht mit exzessivem Datensammeln!

Grundsätzlich gilt für die Sammlung der Daten: So viel wie nötig und so wenig wie möglich!

Sammeln Sie nicht zu viele Informationen, die dann als ungenutzte Datenberge enden, da niemand die Kapazitäten hat, diese auszuwerten. Überlegen Sie daher vor Beginn der Datenerhebung, welche Informationen gebraucht und genutzt werden.

Datenerhebungsplan[1] am Projektbeispiel „PAFF"

	Erläuterung	Wie viele Bewerbungstrainings wurden durchgeführt?	Wie viele Jugendliche nehmen an den einzelnen Angeboten teil?	Sind die Jugendlichen mit den jeweiligen Angeboten zufrieden?	Haben die Jugendlichen ihre sozialen Kompetenzen verbessert?	Können die Jugendlichen qualitativ hochwertige Bewerbungsunterlagen erstellen?	Haben sich die Schulnoten der Jugendlichen verbessert?	Wie viele der Teilnehmer konnten in Ausbildung vermittelt werden?	Welche Verbesserungsvorschläge für das Projekt haben Paten, Lehrer und Patengruppenbetreuer?
Fragestellung	Hier listen Sie die Fragestellungen für Ihre Wirkungsanalyse auf.								
Indikator	Hier tragen Sie den Indikator ein, der Ihnen hilft, die Fragestellung zu beantworten.	Anzahl der durchgeführten Bewerbungstrainings	Anzahl der Jugendlichen, die im Zeitraum x an dem jeweiligen Angebot teilnehmen	Anzahl der Jugendlichen, die mit dem Angebot zufrieden sind	Anzahl der Jugendlichen, die ihre sozialen Kompetenzen verbessert haben	Qualität der erstellten Bewerbungsunterlagen	Anzahl der Jugendlichen, deren Schulnoten sich verbessert haben	Anzahl der Jugendlichen, die einen Ausbildungsplatz gefunden haben.	keine Indikatoren festgelegt
Datenquelle	In diesem Feld tragen Sie ein, wer Ihnen die zur Beantwortung der Fragestellung nötigen Informationen liefern kann.	Projektdokumentation	Anmeldeformular, Teilnehmerlisten	teilnehmende Jugendliche	teilnehmende Jugendliche	Leiter der Bewerbungstrainings, Paten, Projektleitung	Lehrer	teilnehmende Jugendliche	Paten, Lehrer, Patengruppenbetreuer
Liegen bereits Daten vor?	In vielen Fällen gibt es durch bereits bestehendes Material, wie z.B. Anmeldeformulare, Teilnehmerlisten schon Informationen.	ja	ja	nein	nein	nein	ja	nein	nein
Datenerhebungsinstrument	Hier tragen Sie ein, mit welchem Datenerhebungsinstrument Sie Ihre Fragestellung beantworten wollen.	Projektmonitoring	Projektmonitoring	Fragebogen	Beobachtung	Analyse der Bewerbungsunterlagen	Telefoninterview	Interview, Projektmonitoring	Fokusgruppen
Wann und wie oft wird erhoben?	Wann sind Zeitpunkte für die Erhebung, die in den Projektablauf und zur Fragestellung passen? Wann müssen Sie Daten vorlegen können?	fortlaufend	fortlaufend	jährlich	bislang einmalige Evaluation	vierteljährlich	vierteljährlich	vierteljährlich	halbjährliche Sitzungen der Fokusgruppen
Wer erhebt?	Wer ist kompetent, autorisiert und hat die notwendigen zeitlichen Ressourcen, um die Daten zu erheben?	Projektleitung	Projektleitung und Kursleiter	Projektleitung	externer Evaluator	Paten, Kursleitung des Bewerbungstrainings	Projektleitung	Projektleitung	Projektleitung
Durchführbarkeit: ja/nein?	Ist die geplante Erhebung zeitlich und finanziell möglich, sowie ethisch vertretbar?	ja	ja	ja	ja	ja	ja	ja	ja

Beispiel

Einen Datenerhebungsplan zum Ausfüllen finden Sie auch im PHINEO-Download-Center unter *www.phineo.org/publikationen*

....

¹ vgl. BMFSFJ (2000: 39f.)

Neue Daten erheben

Wenn die bestehenden Daten nicht ausreichen oder keine Daten existieren, müssen neue Daten erhoben werden. Dafür gibt es viele verschiedene Möglichkeiten. Hier muss genau überlegt werden, welcher Ansatz sinnvoll und umsetzbar ist. Dies hängt zum einen von den zur Verfügung stehenden Ressourcen ab, vor allem aber davon, welche Daten erhoben werden müssen und in welcher Detailtiefe und in welchem Umfang die Informationen benötigt werden.

Methoden der Datenerhebung

Abhängig von der jeweiligen Fragestellung und dem dazugehörigen Indikator muss die passende Methode der Datenerhebung gewählt werden. Dabei wird zwischen quantitativen und qualitativen Erhebungsmethoden unterschieden.

Quantitative Methoden werden genutzt, wenn Informationen erhoben werden sollen, die sich in Zahlen ausdrücken lassen. Quantitative Methoden eignen sich besonders dann, wenn:
- präzise Daten vorgelegt werden müssen.
- ein Überblick gegeben werden soll.
- Vergleiche zwischen verschiedenen Gruppen oder Personen gezogen werden sollen.
- statistische Abhängigkeiten zwischen dem Problem und angenommenen Ursachen überprüft werden sollen.
- der Beweis erbracht werden soll, dass ein Projekt (zählbare) Erfolge erzielt.

Quantitative Methoden sind unter anderem Messungen, Zählungen, Analyse von quantitativen Sekundärdaten (zum Beispiel aus Statistiken), verschiedene Formen von Befragungen und Tests sowie strukturierte Beobachtungen.

Qualitative Methoden helfen dabei, qualitative Daten zu erheben. Qualitative Daten lassen sich nicht in Zahlen ausdrücken. Sie haben eine beschreibende Funktion und helfen, ein vertieftes Verständnis von einer Situation oder einem Sachverhalt zu bekommen. Qualitative Aussagen sind für die wirkungsorientierte Steuerung von Projekten wichtig, denn zusätzlich zu den quantitativen Aussagen muss herausgefunden werden, wo Ursachen und Zusammenhänge von Entwicklungen liegen. Die qualitativen Erhebungsmethoden sind dadurch gekennzeichnet, dass sie sich mit dem „Wie" und „Warum" eines Sachverhalts oder einer Entwicklung beschäftigen. Qualitative Methoden eignen sich vor allem, wenn es darum geht,
- eine Situation in einem bestimmten Kontext genau zu verstehen.
- herauszufinden, wie Personen oder Gruppen ihr Situation einschätzen und welche Erwartungen und Wünsche sie haben.
- qualitative Entwicklungen nachzuweisen und zu verfolgen.
- Projekte wirkungsorientiert zu planen.

Qualitative Methoden sind unter anderem verschiedene Formen von Interviews (Einzelinterviews, Fokusgruppen, etc.), Beobachtungen und Dokumentenanalysen.

Fragen, die bei der Auswahl der Datenerhebungsmethode helfen

Bei der Entscheidung, welche Methode(n) der Datenerhebung genutzt werden soll(en), sollten Sie sich folgende Fragen stellen:

Welche Informationen brauchen wir?
Die Wahl der Methode richtet sich nach Ihrem Erkenntnisinteresse. Um festzustellen, welche Informationen Sie brauchen, überlegen Sie, was genau Sie wissen möchten. Wollen Sie beispielsweise wissen, wie groß die erreichte Zielgruppe ist, oder wollen Sie wissen, warum das Projekt gerade bei einer bestimmten Gruppe von Personen eine besonders gute Wirkung (oder aber nicht die erhoffte Wirkung) erzielt?

Wofür brauchen wir die Informationen?
Im nächsten Schritt sollten Sie überlegen, wofür Sie die Informationen brauchen. Wenn es darum geht, die Relevanz eines Problems zum Beispiel gegenüber Gebern darzustellen, eignen sich besonders quantitative Daten. Qualitative Methoden eignen sich besonders dann, wenn es darum geht, Details und Unterschiede herauszuarbeiten, und helfen dabei, ein tieferes Verständnis des Projekts zu bekommen. Wenn es um die Qualitätsentwicklung in einem Projekt geht, sind daher qualitative Zugänge unabdingbar.

Auswahl der Erhebungsmethoden

Aufwand: Zeit, Kosten, Expertise

Längsschnittstudien mit Kontrollgruppen

Wiederholte standardisierte Tests

Standardisierte Befragungen

Teilnehmende Beobachtung durch externe Fachleute

Fokusgruppen

Strukturierte Interviews mit Fachexperten

Monitoring von Teilnehmerzahlen, Anfragen etc.

Foto- und Videodokumentation

Fallstudien

Anekdotensammlung

Belastbarkeit der Aussage

■ Methode liefert eher „emotional überzeugende Daten"
■ Methode liefert eher „faktenbezogene Daten"

Abb.: Übersicht zur Wahl der richtigen Erhebungsmethoden

Wahl der geeigneten Erhebungsmethode(n)

Die Entscheidung für die passende Erhebungsmethode ist oft nicht einfach zu treffen und erfordert in vielen Fällen eine gewisse Erfahrung. Hier ist es sinnvoll, sich mit Fachleuten oder Organisationen mit ähnlichen Projekten auszutauschen. Im Folgenden werden einige der wichtigsten Erhebungsmethoden im Überblick dargestellt. Es handelt sich dabei bei weitem nicht um eine abschließende Auflistung der möglichen Datenerhebungsmethoden. Auch handelt es sich nicht um eine detaillierte Handlungsanweisung, wie die einzelnen Methoden durchzuführen sind. Die Methoden werden kurz vorgestellt, ihre Vor- und Nachteile erläutert und am Praxisbeispiel PAFF dargestellt, wie sich die Methode in der Praxis nutzen lässt. In den Literaturtipps finden Sie Verweise auf Publikationen, die sich detailliert mit den einzelnen Erhebungsmethoden befassen.

Man muss nicht „Evaluationsprofi" sein, um im Rahmen der Wirkungsanalyse Daten zu erheben. Die Erhebungsmethoden unterscheiden sich stark hinsichtlich des Aufwands und der Vorkenntnisse, die für ihre Anwendung notwendig sind, sowie ihrer Aussagekraft beziehungsweise der Belastbarkeit der Aussage (Validität). Die obige Grafik gibt hierzu einen ersten Überblick.

Zu Beginn ist weniger mehr

Auch für kleine Organisationen gibt es Methoden der Datenerhebung, die sich mit wenigen Ressourcen anwenden lassen. Lassen Sie sich also nicht „einschüchtern", sondern beginnen Sie mit kleinen, übersichtlichen Maßnahmen, die Sie dann ausweiten können.

Sie müssen also überlegen, wofür Sie die Informationen brauchen und wie aussagekräftig und belastbar die Daten für den jeweiligen Fall sein müssen. Bei der Seereise macht es zum Beispiel einen großen Unterschied, ob Sie sehr genaue Koordinaten brauchen, um den sicheren Weg zwischen zwei gefährlichen Riffen hindurch zu finden, oder ob Sie Ihre persönlichen Eindrücke zusammenstellen, um eine Postkarte an Ihre Freunde zu schreiben. Einige der Datenerhebungsmethoden können Sie selbst umsetzen. Die Ergebnisse sind dabei nicht so „genau" wie die von wissenschaftlich fundierteren, aber gleichzeitig in der Anwendung anspruchsvolleren Methoden. In vielen Fällen sind die Ergebnisse aber ausreichend genau und

nützlich, um auf dieser Basis zu diskutieren und Lern- und Verbesserungsprozesse anzustoßen. Wenn Sie auf der Datenbasis weitreichende Entscheidungen wie zum Beispiel die Fortführung, eine bedeutende Veränderung oder die Beendigung des Projekts treffen wollen, sollten Sie aber darauf achten, dass die Daten belastbar sind. Dafür müssen Sie Erhebungsmethoden wählen, die wissenschaftlich fundiert sind, und die Erhebung gegebenenfalls von Experten durchführen lassen.
Eine weitere Entscheidungsgrundlage für die passende Erhebungsmethode ergibt sich aus den jeweiligen Fragestellungen für die Wirkungsanalyse und den Indikatoren. Folgende Übersicht hilft Ihnen dabei, die geeignete Methode zu finden:

Abb. Übersicht
vgl. Schmidt (2012: 79)

Fragestellung

Ausprägung des zu untersuchenden Gegenstands

Kann ich es erfragen?	Kann ich es beobachten?	Kann ich es ausprobieren?	Kann ich es herauslesen?
Befragung	*Beobachtung*	*Test / Experiment / Messung*	*Dokumentenanalyse*

Tipps für die Erstellung von Fragebögen (mehr dazu: nächste Seite)

- Gestalten Sie den Fragebogen übersichtlich und geben Sie genaue Hinweise, wie der Fragebogen auszufüllen ist.
- Formulieren Sie die Fragen kurz und verständlich.
- Achten Sie darauf, dass die Fragen nur eine Fragestellung beinhalten.
- Formulieren Sie die Fragen nicht negativ (z.B. „Sind Sie mit dem Angebot unzufrieden?")
- Vermeiden Sie Begriffe wie „manchmal", „oft", „selten" oder „normalerweise", da Personen darunter oft unterschiedliche Dinge verstehen.
- Vermeiden Sie Formulierungen, die die Befragten von vornherein beeinflussen (z.B. „Inwiefern hat die Teilnahme am Projekt Ihre Lebenssituation *verbessert*?").
- Bei der Erstellung von Fragebögen lohnt es sich, Personen mit Fachkompetenz hinzuzuziehen. Dies gilt vor allem dann, wenn Sie einen Fragebogen entwickeln, den Sie über längere Zeit immer wieder nutzen möchten.

Überblick über die wichtigsten Erhebungsmethoden

Fragebögen

Beschreibung: Die schriftliche Befragung mittels eines Fragebogens ist die mit am meisten verwendete Art der Datenerhebung. Durch Fragebögen kann beispielsweise die Zufriedenheit von Teilnehmenden an einem Projekt oder einer Aktivität erhoben werden. Auch kann gefragt werden, welches Wissen und welche Kenntnisse die Teilnehmenden gewonnen haben und ob beziehungsweise wie sie dieses Wissen anwenden. Befragungen vor und nach dem Projekt oder einem Workshop ermöglichen es, die Veränderungen festzustellen, die sich bei den Teilnehmenden ergeben haben. Fragebögen können vor Ort, postalisch oder online ausgefüllt werden.

Da die Antworten der Ausfüllenden entscheidend von den Fragestellungen abhängen, sollte bei der Erstellung des Fragebogens ein hoher Qualitätsanspruch angelegt werden. Ein Fragebogen kann geschlossene und offene Fragen enthalten. Bei geschlossenen Fragen sind die Antwortmöglichkeiten, aus denen der Befragte die zutreffende auswählen muss, vorgegeben. Geschlossene Fragen sind auch bei einer größeren Menge an Befragten leicht auszuwerten. Allerdings bieten geschlossene Fragen dem Befragten keine Möglichkeit, Informationen zu geben, die in den Antwortmöglichkeiten nicht vorgesehen sind. Offene Fragen ermöglichen es dem Befragten dagegen, ausführlichere Antworten zu geben, die nützliche Informationen beinhalten können.

 Vorteile:
- viele Befragungen in kurzer Zeit möglich
- Daten können gut zusammengefasst werden
- Anonymität der Befragten

 Nachteile
- Erarbeitung der Fragebögen erfordert Zeit und Wissen
- evtl. niedrige Rücklaufquoten
- keine Möglichkeit für Nachfragen
- Antwortmöglichkeiten eingeschränkt

Projektbeispiel PAFF: PAFF nutzt einmal im Jahr einen Fragebogen, um die Zufriedenheit der teilnehmenden Jugendlichen mit dem Projekt zu erheben. Ein weiterer Fragebogen wird genutzt, um die Zufriedenheit der Paten mit ihrer Betreuung abzufragen.

Einzelinterviews

Beschreibung: Einzelinterviews mit Stakeholdern helfen dabei, verschiedene Sichtweisen zu einem Thema zu erheben. Semistrukturierte Interviews (das heißt, Interviews mit offenen und geschlossenen Fragen) sind eine gute Methode, um einen vertieften Einblick in ein Thema zu bekommen. Einzelinterviews eignen sich beispielsweise für Befragungen im Rahmen der Bedarfsanalyse oder wenn ein Konzept für ein Projektmodul erarbeitet werden soll. Sie eignen sich auch, um während oder nach einem Projekt die individuelle Meinung der Teilnehmer zu erfragen. Interviews eignen sich gut, um Verbesserungspotenziale für ein Projekt zu identifizieren, denn im Vergleich zur schriftlichen Befragung kann während eines Gesprächs nachgefragt werden.

Es gibt viele verschiedene Möglichkeiten, Interviews zu führen. Welche Interviewform sich eignet, hängt von den zu befragenden Personen, der Fragestellung und dem Ziel des Interviews ab. Lassen Sie sich bei der Auswahl, wo notwendig, von Fachleuten beraten.

Abzuwägen ist auch, wer die Interviews durchführt. Wenn die Interviews von Projektmitarbeitenden geführt werden, besteht möglicherweise die Gefahr, dass die Befragten „erwünschte" Antworten geben. Werden die Interviews durch eine externe Person durchgeführt, ist es wichtig, dass die Befragten zu dieser Person ein Vertrauensverhältnis haben, sodass sie bereit sind, ihre Informationen zu teilen. Gleichzeitig ist bei der Auswahl der Befragten darauf zu achten, dass eine repräsentative, aber trotzdem nicht zu homogene Gruppe befragt wird, um Antworten zu bekommen, die in der Summe aussagekräftig und belastbar sind.

Beachten Sie bei Interviews: Es geht nicht darum, in einem Gespräch einfach „mehr Information" zu erhalten, in der Hoffnung, dass Informationen dabei sein werden, die verwertet werden können! Vor dem Interview sollten daher die Zielsetzung und das Erkenntnisinteresse festgelegt und auf dieser Basis Kernfragen entwickelt werden.

 Vorteile:
- Stakeholder werden einbezogen
- relevante Daten
- auch unerwartete Ergebnisse
- evtl. Aussagen, die in einer Gruppensituation nicht gemacht worden wären
- Nachfragen möglich

 Nachteile
- zeitintensiv
- Interviewer muss geschult sein
- Ergebnisse evtl. schwer auszuwerten und zu quantifizieren

Projektbeispiel PAFF: PAFF verwendet Einzelinterviews unter anderem dazu, um die Jugendlichen zu befragen, nachdem diese ihre Teilnahme am Projekt abgeschlossen haben. Dabei werden die Jugendlichen zum einen gefragt, ob sie einen Ausbildungsplatz gefunden haben, und zum anderen, inwiefern sie von dem Projekt profitiert haben.

Wichtig zu wissen: Wie viele Personen müssen befragt werden, damit die Aussagen „repräsentativ" sind?

In Projekten mit einer kleinen Teilnehmerzahl ist es sinnvoll und auch gut machbar, bei allen Teilnehmenden Daten zu erheben. In diesem Fall spricht man von einer „Vollerhebung". In Projekten mit vielen Teilnehmern muss dagegen eine Auswahl getroffen werden. Dabei sollte darauf geachtet werden, dass die Befragten zufällig aus der Gesamtheit aller Teilnehmer ausgewählt werden, um die Qualität des Erhebungsergebnisses zu sichern.

Die Stichprobengröße bei quantitativen Erhebungen ist davon abhängig, wie genau die Ergebnisse der Erhebung sein müssen. Bei Untersuchungseinheiten, die weniger als 300 befragte Einheiten umfassen, ist eine Vollerhebung ideal. Gleichzeitig lassen sich mit 300 befragten Einheiten relativ verlässliche Aussagen auch zu großen Grundgesamtheiten machen. [3]

Darüber, wie viele qualitative Interviews geführt werden sollten, gibt es keine einhellige Meinung in der Literatur. Die erforderliche Stichprobenzahl ist in den allermeisten Fällen geringer als bei quantitativen Erhebungen. Je nach Fragestellung tritt ab einer gewissen Anzahl von Gesprächen eine „theoretische Sättigung" ein, das heißt, dass sich der Erkenntnisgewinn durch weitere Gespräche aller Wahrscheinlichkeit nach nicht mehr steigern lässt. Bei der Zusammensetzung der Stichprobe sollte darauf geachtet werden, eine möglichst heterogene Zusammensetzung und gleichzeitig möglichst „typische Vertreter" der zu befragenden Stakeholdergruppe auszuwählen. [4]

[3] vgl. Zewo (2011: 92), [4] vgl. Zewo (2011: 94)

Experteninterviews (individuell oder in der Gruppe)

Beschreibung: Unter Experteninterviews versteht man Befragungen von Experten im Themenfeld, Entscheidungsträgern und Personen, die die Situation vor Ort und die Zielgruppe sehr gut einschätzen können. Dabei steht nicht der Befragte als Person im Vordergrund, sondern seine Funktion als Experte in einem spezifischen Handlungskontext oder als Repräsentant einer Gruppe.
Experten können Informationen zu Sachverhalten geben, zu denen es im Projekt noch wenig Wissen gibt. Gespräche mit Experten in Einzelgesprächen oder am „Runden Tisch" sind unter anderem dann von Nutzen, wenn ein Problem beziehungsweise eine Situation eingeschätzt und aus verschiedenen Perspektiven beleuchtet werden soll, zum Beispiel in der Planungsphase eines Projekts. Das Einbeziehen von Experten ist aber auch in regelmäßigen Abständen während des Projekts sinnvoll.

 Vorteile:
- mittlerer Organisationsaufwand
- preiswert
- Synthese von Meinungen
- Einbindung von Entscheidungsträgern
- möglicher Auftakt für eine weitere Begleitung des Projekts durch Experten

 Nachteile
- Diskussionen evtl. auf zu abstrakter/ wissenschaftlicher Ebene

Projektbeispiel PAFF: Experteninterviews werden bei PAFF in verschiedenen Kontexten durchgeführt: Im Rahmen der Bedarfsanalyse wurden Personen, die die Situation der Jugendlichen im Stadtteil gut kennen (unter anderem der Leiter des Jugendamts, ein Mitarbeiter aus dem Jobcenter, ein Schuldirektor und ein Unternehmer aus einem Ausbildungsbetrieb) zu einem „Runden Tisch" eingeladen und um ihre Einschätzung gebeten. Während des Projekts werden in regelmäßigen Abständen Interviews mit den Klassenlehrern der teilnehmenden Jugendlichen geführt, um ihre Einschätzung der Entwicklung der Jugendlichen zu hören.

Fokusgruppen (Gruppendiskussionen)

Beschreibung: Bei einer Fokusgruppe handelt es sich um eine Diskussion mehrerer Teilnehmer, die von einem Diskussionsleiter moderiert wird und sich auf eine relativ eingegrenzte Fragestellung fokussiert. Im Gegensatz zu einem Einzelinterview geht es bei Gruppeninterviews um das Gespräch der an der Diskussion teilnehmenden Personen untereinander und nicht um das Gespräch mit dem Moderator. Die Teilnehmer können verschiedene Sichtweisen austauschen und voneinander lernen.

In der Diskussion inspirieren sich die Teilnehmer gegenseitig und kommen dadurch im Idealfall zu tiefergehenden Aussagen. Fokusgruppen eignen sich daher vor allem dann, wenn es darum geht, gemeinsam Erfahrungen und Probleme zu erläutern und Lösungen zu erarbeiten, und sind daher nützliche Instrumente für die wirkungsorientierte Projektsteuerung. Für die Erfassung von individuellen Meinungen und Erfahrungen eignen sich dagegen Einzelinterviews besser.

Gruppendiskussionen werden meist zusammen mit anderen Methoden angewendet. Entscheidend für die Qualität von Fokusgruppen ist die Auswahl der Teilnehmenden: Können die Teilnehmenden offen miteinander sprechen? Ist die Gruppe so zusammengesetzt, dass verschiedene Sichtweisen zusammenkommen und sich daraus eine ergiebige Diskussion entwickeln kann?

 Vorteile:
- Stakeholder werden einbezogen
- auch unerwartete Ergebnisse
- Mehrwert durch den Austausch der Teilnehmenden (verschiedenen Ansichten)
- Nachfragen möglich

 Nachteile
- mittlerer Zeitaufwand
- für die Durchführung ist Expertise notwendig
- Ergebnisse evtl. schwer auszuwerten und zu quantifizieren
- Teilnehmende äußern sich evtl. nicht offen

Projektbeispiel PAFF: Alle sechs Monate lädt die Projektleitung von PAFF die Paten zu einer Fokusgruppe ein. Es wird über die Erfahrungen, die Herausforderungen und auch die Erfolge gesprochen. Dabei wird unter anderem die Wirkungslogik des Projekts reflektiert und das Projekt kann kontinuierlich verbessert werden.

Informelle Gespräche / Anekdoten

Beschreibung: Informelle Gespräche mit den Teilnehmenden und den Stakeholdern finden während eines Projekts laufend statt. Auch sie eignen sich, um Informationen zu bekommen und um Informationen zu überprüfen, die mittels anderer Methoden erhoben wurden. Mit Leuten informell ins Gespräch zu kommen, kann vermeiden, dass die Leute im Rahmen von „künstlichen" Befragungssituationen „sozial erwünschte" Antworten (also die Antworten, von denen sie glauben, dass der Interviewer sie hören möchte) geben.

Informelle Gespräche eigenen sich auch gut, um Informationen von indirekten Zielgruppen des Projekts (zum Beispiel von den Eltern der an einem Projekt teilnehmenden Jugendlichen) zu bekommen. Auch ergibt sich hier eine gute Möglichkeit, auch etwas über ungeplante Effekte des Projekts zu erfahren. Das bedeutet, dass man im Rahmen von informellen Gesprächen zum Beispiel etwas über (positive, aber auch negative) Wirkungen erfährt, die das Projekt angestoßen hat, die man bei der Planung des Projekts gar nicht im Blick hatte. So berichteten die Eltern der Jugendlichen, die bei PAFF teilnehmen, darüber, dass ihre Kinder nicht nur ihre schulischen Leistungen verbessert haben, sondern dass sich durch die verbesserten sozialen Kompetenzen der Jugendlichen auch die Beziehung zwischen ihnen und ihren Kindern verbessert hat.

Informationen aus informellen Gesprächen und Anekdoten sollten regelmäßig und während des gesamten Projektverlaufs gesammelt werden. Hierfür müssen die Mitarbeiter gebeten werden, die Inhalte der Gespräche so systematisch wie möglich festzuhalten. Hier hilft es, den Mitarbeiten (vor allem den Ehrenamtlichen) eine Hilfe für das Sammeln der Informationen an die Hand zu geben. Als sehr nützlich haben sich hier zum Beispiel Projekttagebücher erwiesen. Auch in regelmäßigen Treffen der (ehrenamtlichen) Mitarbeiter sollte angeregt werden, von den informellen Gesprächen und Anekdoten zu berichten.

 Vorteile:
- direkter Kontakt zur Zielgruppe
- Informationen über ungeplante Effekte
- liefert ggf. gute Inhalte für die Kommunikation (Storytelling)
- wenig Ressourcen und Kenntnisse notwendig

 Nachteile
- schwer zu verallgemeinern
- Ergebnisse können stark interpretiert sein

Projektbeispiel PAFF: Bei PAFF wird jeder der Paten gebeten, ein Patenschaftstagebuch zu führen, das den Verlauf der Patenschaft mit den positiven und negativen Ereignissen festhält. Ein Austausch hierüber findet bei den regelmäßigen Patengruppentreffen statt. Bei den (zum Teil unregelmäßigen) Treffen mit den Eltern der Jugendlichen nutzen die Mitarbeitenden von PAFF die Möglichkeit, Feedback von den Eltern zu bekommen.

Gute Fragen sind der Schlüssel für nützliche Antworten [5]

Die Art, wie Sie Fragen stellen, wirkt sich direkt auf die Antworten aus, die Sie bekommen. Daher macht es Sinn, sich über die Fragen die man stellt, Gedanken zu machen. Hier einige Tipps für das Formulieren von Fragen:

• Man unterscheidet zwischen geschlossenen und offenen Fragen. Geschlossene Fragen eignen sich, um an spezifische Informationen zu gelangen. Auf geschlossene Fragen gibt es meist nur eine richtige Antwortmöglichkeit beziehungsweise sie lassen sich relativ leicht mit „ja" oder „nein" beantworten. Zum Beispiel: „Wie alt sind Sie?" „Hast du einen Ausbildungsplatz?" Offenen Fragen eignen sich dafür, neue Gedanken, Sichtweisen, Diskussionen anzuregen. Sie fördern die Beteiligung der Befragten. Zum Beispiel: „Können Sie Ihre Situation näher beschreiben?" „Wie gehen Sie mit der Situation um?" „Welche Chancen sehen Sie in diesem Projekt für sich?" Offene und geschlossene Fragen lassen sich gut zusammen nutzen. Zum Beispiel: „Hast du schon einen Ausbildungsplatz gefunden?" (geschlossenen Frage) „Warum ist es für dich deiner Meinung nach schwer, einen Ausbildungsplatz zu finden?" (offene Frage)

• Nutzen Sie die W-Fragen: Wer? Wann? Was? Wo? Warum? Wie? Diese Fragen helfen zu analysieren und zu verstehen, was passiert und wo die Gründe dafür sind. Wann ist xy passiert? Warum war das hilfreich?

• Achten Sie bei der Fragestellung darauf, dass sich der Befragte nicht „verhört" vorkommt, zum Beispiel durch eine zu häufige Wiederholung von „Warum-Fragen".

[5] vgl. Herrero (2012: 34f)

WIRKUNG ANALYSIEREN

WIRKUNG VERBESSERN

Wichtig zu wissen: Teilnehmende an der Datenerhebung über den Prozess informieren und den Datenschutz einhalten

Wenn von den Teilnehmenden Daten erhoben werden, müssen diese darüber informiert werden und damit einverstanden sein. Die Information sollte möglichst zu Beginn des Programms im Rahmen der Anmeldeformalitäten (soweit vorhanden) erfolgen. Bei minderjährigen Teilnehmenden müssen die Eltern informiert sein.

Soweit möglich, sollten die Befragungen anonymisiert durchgeführt werden und/oder in der Auswertung sollten Rückschlüsse auf einzelne Teilnehmende nicht mehr möglich sein. Im Rahmen des Datenschutzes sollte darauf geachtet werden, dass die Daten für Dritte unzugänglich aufbewahrt werden und die Identität der Teilnehmenden geschützt wird. Informieren Sie die Teilnehmenden an der Datenerhebung auch über die Ergebnisse der Erhebung.

Systematische Beobachtungen

Beschreibung: In manchen Fällen ist es sinnvoller, etwas zu beobachten, als Informationen dazu zu erfragen. Im Rahmen von systematischen Beobachtungen werden Ereignisse, Individuen, Gruppen, Sozialräume vor dem Hintergrund einer spezifischen Fragestellung betrachtet und die Ergebnisse analysiert und interpretiert. Beobachtungen bieten eine gute Möglichkeit, die Antworten aus einer Befragung zu überprüfen, aber auch zu Erkenntnissen zu gelangen, die im Rahmen einer Befragung nicht angesprochen wurden. Gleichzeitig ergeben sich auf der Basis von Beobachtungen oft weitere Fragestellungen, die mit Hilfe anderer Erhebungsmethoden beantwortet werden können. Bei einer *teilnehmenden* Beobachtung nimmt die beobachtende Person an den Interaktionen des Felds, das beobachtet wird, mehr oder weniger aktiv teil. Bei einer *nicht-teilnehmenden* Beobachtung bleibt die beobachtende Person außerhalb des Felds, das sie beobachtet. Bei einer *offenen* Beobachtung wissen die Personen oder können zumindest erkennen, dass sie beobachtet werden. Bei einer *verdeckten* Beobachtung ist das nicht der Fall (vgl. Eval-Wiki: Glossar der Evaluation, www.eval-wiki.org/glossar/Beobachtung, Stand: 09.08.2013). Gehen Sie mit vorformulierten Fragestellungen in die Beobachtung; seien Sie jedoch gleichzeitig möglichst offen für unerwartete Erkenntnisse.

 Vorteile:
- direkter Bezug zur Zielgruppe und zum Sozialraum/Kontext
- liefert ggf. gute Inhalte auch für die Kommunikation (Storytelling)

 Nachteile
- zeitaufwändig
- Beobachter müssen geschult sein
- Schutz der Privatsphäre muss garantiert werden

Projektbeispiel PAFF: Im Rahmen der externen Evaluation wurden bei PAFF die Veränderungen des Sozialverhaltes der Jugendlichen während der Projektteilnahme evaluiert. Zusätzlich zu den Befragungen der Jugendlichen und deren Lehrer haben die externen Evaluatoren im Rahmen einer nicht-teilnehmenden, offenen Beobachtung das Sozialverhalten der Jugendlichen im schulischen Kontext beobachtet.

Tests und Messungen

Beschreibung: Tests und Messungen können an verschiedenen Punkten des Projektzyklus wichtige Informationen liefern. Zu Beginn des Projekts können sie Auskunft über die Situation der Zielgruppe geben (zum Beispiel Mathe-Tests bei Schülern oder die Erhebung des Gesundheitsstatus bei Teilnehmenden an einem Gesundheitsprogramm). Tests bedienen sich oft quantitativer Methoden, es sind aber auch qualitative und gemischte Methoden möglich.

 Vorteile:
- Veränderungen im Zeitverlauf lassen sich gut abbilden
- hohe Vergleichbarkeit bei standardisierten Tests

 Nachteile
- mittlerer Zeitaufwand
- für die Durchführung ist Expertise notwendig
- standardisierte Test eignen sich evtl. nicht für die spezielle Situation der Zielgruppe

Projektbeispiel PAFF: Bei PAFF erheben die Trainer des Bewerbungstrainings vor Beginn und am Ende des Bewerbungstrainings den Wissensstand der Teilnehmer mit Hilfe eines Tests.

Fallstudien (Case Studies)

Beschreibung: Bei Fallstudien stehen einzelne Teilnehmer oder eine bestimmte, übersichtliche Gruppe im Fokus der Erhebung. Dabei kann eine Vielzahl von Methoden angewandt werden wie halb-strukturierte Interviews, systematische Beobachtungen, Fokusgruppen, etc. Fallstudien eignen sich gut, wenn es darum geht, Wirkung beispielhaft darzustellen. Informationen aus Fallstudien geben gemeinsam mit quantitativen Aussagen ein aufschlussreiches Bild über die Wirkung eines Projekts und bilden als Mischung aus qualitativen und quantitativen Daten eine gute Basis für die Projektweiterentwicklung.

 Vorteile:
- direkter Bezug zur Zielgruppe
- Liefert ggf. gute Inhalte auch für die Kommunikation (Storytelling)

 Nachteile
- unter Umständen schwer zu verallgemeinern

Projektbeispiel PAFF: Bislang hat PAFF noch keine systematischen Fallstudien in dem Sinne durchgeführt, dass einzelne Jugendliche im Rahmen ihrer Teilnahme am Projekt systematisch begleitet und deren Entwicklung beispielhaft erhoben und dargestellt wurde. Aus den Daten, die im Rahmen des Monitorings (Schulnoten, Anwesenheitsquote etc.) erhoben wurden, und den qualitativen Informationen aus den Patenschaftstagebüchern lassen sich jedoch Daten für die Darstellung einzelner Fallbeispiele zusammenstellen.

Dokumentenanalyse

Beschreibung: In internen und externen Dokumenten finden sich wichtige Informationen für die Wirkungsanalyse. Interne Dokumente sind beispielsweise Projektkonzeptionen, Berichte oder Protokolle. Darin finden sich Informationen zum Projektkonzept, den Zielen und Resultaten des Projekts sowie Veränderungen während der Projektlaufzeit. Diese Informationen bilden auch einen guten Ausgangspunkt, um Fragestellungen für eine Evaluation zu erarbeiten.
Externe Dokumente sind unter anderem Studien, Surveys oder (offizielle) Statistiken. Hier finden sich Daten, die vor allem für die Bedarfs- und Umfeldanalyse interessant sind und die sich zum Teil gut als Vergleichsmaßstab eignen.

 Vorteile:

Interne Daten
- relevante Daten für die spezifische Zielgruppe und den Sozialraum
- preiswert und schnell
- Mitarbeiter des Projekts/der Organisation werden einbezogen

Externe Daten
- preiswert
- methodisch relativ zuverlässig
- bei regelmäßigen Erhebungen sind Vergleiche über die Zeit möglich

 Nachteile

Interne Daten
- evtl. schwer objektivierbar
- evtl. keine Informationen über Ursachen-/Wirkungszusammenhänge
- Informationen evtl. nicht aktuell oder vollständig

Externe Daten
- oft nicht auf den Sozialraum bezogen und hoch aggregiert
- evtl. nicht aktuell

Projektbeispiel PAFF: Für die externe Evaluation von PAFF hat der Evaluator auf die Projektkonzeption und auf die Daten aus dem Monitoring zurückgegriffen. Zu Projektbeginn hat PAFF bei der Analyse der Bedarfe die offiziellen Statistiken zur Jugendarbeitslosigkeit in der Region und Dokumente mit Informationen zur Situation des regionalen Ausbildungsmarkts genutzt.

6.2 SCHWER ZU ERHE-BENDE WIRKUNGEN

Wirkungen nachzuweisen, kann aus den unterschiedlichsten Gründen eine große Herausforderung sein. Im Folgenden werden einige Beispiel für schwer zu erhebende Wirkungen dargestellt und beschrieben, welche Möglichkeiten der Wirkungsanalyse es in diesen Fällen gibt.

Herausforderung: Wirkungen nachweisen, die erst nach längerer Zeit eintreten

Viele soziale Projekte zielen auf Wirkungen, die erst nach einiger Zeit eintreten. Um hier Aussagen treffen zu können, müssen Daten nach dem Ende des Projekts, beziehungsweise nachdem ein Teilnehmender seine Teilnahme am Projekt beendet hat, erhoben werden. Dies ist in vielen Fällen eine große Herausforderung, denn es ist oft sehr schwer und aufwändig, die ehemaligen Teilnehmer nach längerer Zeit wieder zu kontaktieren. Hier ist eine gute Pflege der Kontaktdatenbank nützlich und es ist hilfreich, den Teilnehmern schon bei Projektabschluss anzukündigen, dass man sie nach einiger Zeit noch mal kontaktieren möchte. Eine weitere Herausforderung ist es, nachzuweisen, dass die Langzeitwirkungen auf die Aktivitäten des Projekts zurückzuführen sind. Denn in der Zeit zwischen dem Ende der Teilnahme am Projekt und dem Eintreten der Langzeitwirkung hat eine Vielzahl an Einflüssen die Entwicklung des (ehemaligen) Teilnehmers beeinflusst. In den allerseltensten Fällen werden hier Wirkungsevaluationen mit Kontrollgruppen durchgeführt. Im Rahmen der Befragung der

ehemaligen Teilnehmenden kann man hier die Befragten bitten, selbst einzuschätzen, wie groß der Einfluss des Projekts auf ihre jetzige Situation ist. Auch lässt sich hier mit der Wirkungslogik und Wirkungsnachweisen, die während der Teilnahme am Projekt erhoben wurden, argumentieren. Wenn während des Projekts festgestellt wurde, dass bei den Teilnehmern Wirkungen auf den Outcome-Stufen 4 (Veränderungen im Wissen) und 5 (Veränderungen im Verhalten und Handeln) eingetreten sind, so kann mit einer gewissen Sicherheit angenommen werden, dass das Projekt auch Einfluss auf die langfristigen Wirkungen im Bereich der Lebenssituation (Outcome-Stufe 6) hatte.

Herausforderung: Teilnehmende wollen oder können nicht befragt werden

In einigen Projekten ist es schwierig, die Teilnehmenden zu befragen. Die Gründe hierfür sind unterschiedlich: Einige Zielgruppen haben Vorbehalte, an Erhebungen teilzunehmen, weil sie befürchten, dass ihnen dadurch Nachteile entstehen können. Beispiele sind hier Personen, die von Gewalt betroffen oder in Straftaten involviert sind. Hier ist es wichtig, den Befragten absolute Anonymität zuzusichern und zu gewährleisten. Andere Zielgruppen sind selbst nicht in der Lage, im Rahmen von Erhebungen Auskünfte zu erteilen (zum Beispiel Kleinkinder oder schwer an Demenz erkrankte Menschen). Hier kann es ein möglicher Weg sein, ihnen nahestehende Personen (wie Eltern oder pflegende Angehörige) zu befragen.

Wichtig zu wissen: Was sind Kontroll-gruppen?

Eine Kontrollgruppe ist eine Gruppe, die im Rahmen einer Evaluation Daten für den Vergleich mit der Gruppe, die an einem Projekt teilgenommen hat, liefert. Die Kontrollgruppe nimmt an dem Projekt nicht teil. Damit ist ein Vergleich mit der Teilnehmergruppe möglich, und es können Aussagen zur Wirksamkeit des betreffenden Projekts abgeleitet werden.

Die Kontrollgruppe ist ein Kriterium für die Aussagekraft und Belastbarkeit von Evaluationsergebnissen, da sonst eine dem Projekt zugeschriebene Wirkung auch auf anderen Ursachen beruhen könnte. Eine Wirkungsevaluation mit Kontrollgruppen ist allerdings sehr aufwändig und wird relativ selten durchgeführt.

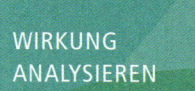

Herausforderung: Wirkungen von Kampagnenarbeit / Advocacy nachweisen

Bei Projekten im Bereich Kampagnenarbeit / Advocacy geht es um die Interessenvertretung von Gruppen und/oder die Themenanwaltschaft für spezifische Anliegen. Beispiele sind Kampagnen gegen das Rauchen oder zu Themen in den Bereichen Umweltschutz, Bildungspolitik oder Inklusion. Ziele sind es, sowohl Entscheidungsträger als auch die öffentliche Meinung zu beeinflussen und gesellschaftliche Veränderungsprozesse anzustoßen, die sich in einer Veränderung des Bewusstseins und des Verhaltens ausdrücken. Wirkungen sind hier schwer zu erheben. Ob eine Kampagne die erwünschte Wirkung auf gesellschaftlicher Ebene erzielt hat, lässt sich am ehesten in groß angelegten Studien (z.B. über den Gesundheitsstatus der Bevölkerung) ablesen, die für einzelne Organisation kaum durchführbar sind. Hier sollten daher entlang der Wirkungslogik Teilziele definiert werden, zu denen auch Daten erhoben werden können. Dies sind zum Beispiel die Beeinflussung von relevanten Entscheidungsträgern und Multiplikatoren, die sich dadurch überprüfen lassen, ob diese Personen die Forderungen aufgegriffen oder die Argumente in ihre Argumentation übernommen haben, oder eine verstärkte Berichterstattung zum Thema in den Medien. Die Methode „Outcome Mapping" bietet hier eine nützliche Hilfestellung für die Erarbeitung und Überprüfung von Wirkungszielen (→ Weiterführende Literaturhinweise am Ende des Kursbuchs).

Herausforderung: Wirkungen nachweisen, wenn die Zielgruppe Organisationen sind

Bei Projekten, deren Zielgruppen keine Individuen, sondern Organisationen sind, ergeben sich die Wirkungen aus dem Nutzen, den die Organisationen aus der Unterstützung durch das Projekt ziehen. Die Veränderungen im Wissen und in der Arbeitsweise der Organisation sind mittelfristige Outcomes, und die Wirkung auf lange Sicht wäre die effektivere Arbeit der Organisation. Diese Wirkungen lassen sich zum Teil mit quantitativen, vor allem aber mit qualitativen Daten abbilden. Ein Beispiel: Wenn ein Projekt Organisationen bei der Gewinnung und dem Management von Ehrenamtlichen unterstützt, besteht die Wirkung auf Outcome-Stufe 4 darin, dass die Organisation gelernt hat, wie man Ehrenamtliche gewinnt und betreut, und die Wirkung auf Outcome-Stufe 5 darin, dass die Organisation dieses Wissen auch anwendet. Wirkungen auf Outcome-Stufe 6 wären dann erreicht, wenn die Organisation aufgrund ihres verbesserten Ehrenamtsmanagements ihre Projekte effektiver umsetzen kann.

Herausforderung: Wirkungen auf Impact-Ebene nachweisen

Die Herausforderungen, Wirkungen auf gesellschaftlicher Ebene (Impact) nachzuweisen, ähneln den Schwierigkeiten, Wirkungen, die erst nach Projektende eintreten, zu erheben. Denn Veränderungen auf gesellschaftlicher Ebene treten in den allermeisten Fällen erst nach längerer Zeit auf, das Projekt ist dann oft schon beendet. Nicht nur deswegen ist es schwer, die eingetretenen

Wichtig zu wissen: Was ist Social Return on Investment (SROI)?

Social Return on Investment (SROI, auf Deutsch: „Sozialrendite") ist ein Ansatz der Social-Impact-Messung, der sich mit der Bewertung des durch (soziale) Projekte geschaffenen gesellschaftlichen Mehrwerts beschäftigt und der in den letzten Jahren zunehmend nachgefragt, aber auch kritisch diskutiert wird.

Bei der SROI-Analyse wird versucht, Projektresultate zu quantifizieren und in monetären Werten auszudrücken. Bemessen wird dies in der Regel darüber, welche Kosten dem Staat durch die Projekte erspart bleiben. So entstehen etwa durch eine erfolgreiche Resozialisierung von Straftätern dem Staat weniger Kosten für Inhaftierung oder die Betreuung durch Sozialarbeiter. SROI-Analysen sind sehr aufwändige Verfahren, für die ein hohes Maß an Expertise notwendig ist. Auch ist angesichts der Komplexität der Gesellschaft und ihrer Wirkungszusammenhänge kritisch zu fragen, welchen Aussagewert eine solche Zahl tatsächlich hat .

Quelle: vgl. Hoelscher (2011: 32)

Wichtige Tipps für die Datenerhebung

• Beginnen Sie mit der Planung der Datenerhebung bereits in der Phase der Projektplanung.

• Konzipieren Sie die Erhebungsinstrumente auf der Basis der erarbeiteten Fragestellungen und Indikatoren.

• Erheben Sie nicht zu viele Daten, sondern fokussieren Sie auf die Beantwortung der zentralen Fragestellungen.

• Greifen Sie zunächst auf vorliegende Daten zurück, bevor Sie „frische" Daten erheben.

• Konzipieren Sie die Erhebungsinstrumente so, dass kein Datenüberschuss entsteht.

• Nutzen Sie verschiedene Datenquellen und Erhebungsmethoden

• Testen Sie die Erhebungsinstrumente, bevor Sie diese einsetzen.

Wirkungen auf das eine Projekt zurückzuführen. Denn in komplexen gesellschaftlichen Zusammenhängen haben viele verschiedenen Faktoren Einfluss auf Entwicklungen. Hierbei die „Netto-Wirkung" eines einzelnen Projekts herauszufiltern ist nur sehr schwer möglich. Dies bedeutet allerdings nicht, dass nicht versucht werden sollte, Aussagen über Wirkungen auf gesellschaftlicher Ebene zu treffen. Auch von Seiten einiger Geldgeber werden hierzu verstärkt Aussagen verlangt. Eine methodisch hochwertige Evaluation auf Impact-Ebene ist allerdings mit hohem Ressourceneinsatz verbunden. Für das Projekt bedeutet dies, dass bei der Wirkungsanalyse das Thema Impact mitgedacht werden sollte, aber gleichzeitig realistisches Erwartungsmanagement betrieben werden muss.

Herausforderung: Wirkung bei offenen Angeboten nachweisen

Offene Angebote für Kinder, Jugendliche oder ältere Menschen haben häufig Schwierigkeiten, Aussagen über ihre Wirksamkeit zu treffen, und geraten deshalb zum Teil unter einen gewissen „Rechtfertigungsdruck". Oft ist die Gruppe der Teilnehmenden/Besucher sehr heterogen und die Teilnahme am Angebot unregelmäßig, sodass es schwierig erscheint, Wirkungsziele zu setzen und Wirkungen nachzuweisen.

Bei der Formulierung ihrer Wirkungsziele und Indikatoren sollten offene Angebote daher überlegen: Warum nutzen die Besucher unser Angebot? Wahrscheinlich wird der Senioren-Treff nicht nur deshalb frequentiert, weil der Kaffee so gut und der Kuchen so preiswert ist, sondern es geht den Besuchern auch darum, anderen Menschen zu begegnen, sich auszu-

tauschen und gemeinsam etwas zu tun, das ihre Lebensqualität steigert. Was wären hier Wirkungsziele und Indikatoren?

Und auch wenn es für Außenstehende auf den ersten Blick so scheinen könnte, dass Kinder und Jugendliche im Freizeittreff „nur Spaß" haben, so ist dieses Angebot für sie ein wichtiger Raum, um (unter anderem) personale, soziale, kulturelle und politische Kompetenzen aufzubauen und zu lernen, Verantwortung zu übernehmen. Was wären hier Wirkungsziele und Indikatoren?

Qualitative Erhebungen, Fallstudien und Anekdoten eignen sich hier als Erhebungsmethoden besonders und geben gemeinsam mit quantitativen Outputzahlen und Aussagen über die Zufriedenheit der Teilnehmer mit dem Angebot ein aussagekräftiges Bild.

Herausforderung: Wirkung bei Präventionsprojekten nachweisen

Wenn Jugendliche nicht anfangen zu rauchen oder Mädchen nicht als Teenager schwanger werden, haben Präventionsprojekte ihr Ziel erreicht. Aber wie lässt sich nachweisen, dass diese Wirkungen auf das jeweilige Projekt zurückzuführen sind?

Wenn das Projekt direkt mit der Zielgruppe gearbeitet hat, lässt sich einige Zeit nachdem die Teilnehmer ihre Teilnahmen am Projekt beendet haben, erheben, ob die erwünschte Wirkung des Projekts erzielt wurde beziehungsweise weiterhin besteht. Auch hier ist die Arbeit mit Kontrollgruppen für die meisten Projekte nicht umsetzbar. Es kann jedoch versucht werden, Vergleiche mit vergleichbaren Gruppen zum Beispiel Jugendlichen aus der Parallelklasse oder aus der anderen Hauptschule im Stadtteil, zu ziehen, die jeweils nicht am Projekt teilgenommen haben, um Hinweise darauf zu erhalten, ob das Projekt bei den Teilnehmern Wirkung erzielt hat.

Und auch hier lässt sich mit der Wirkungslogik und Wirkungsnachweisen, die während der Teilnahme am Projekt erhoben wurden, argumentieren ($\rightarrow$ „Wirkungen nachweisen, die erst nach längerer Zeit eintreten").

6.3 QUALITÄTSKRITERIEN FÜR DIE DATENERHEBUNG

Verschiedene Datenquellen und Erhebungsmethoden nutzen

Wenn Sie auf Ihrer Seereise sichergehen wollen, dass Sie auf dem richtigen Weg sind, verlassen Sie sich wahrscheinlich nicht nur auf den Blick aus dem Ausguck, sondern Sie nutzen auch die Informationen aus den Seekarten und dem GPS. Die verschiedenen Blickwinkel helfen, ein möglichst aussagekräftiges Ergebnis zu bekommen und Fehler bei der Navigation zu vermeiden.

Auch in der Wirkungsanalyse ist es wichtig, verschiedene Datenquellen und Methoden der Datenerhebung zu kombinieren, um die Datenqualität zu überprüfen und gegebenenfalls zu verbessern. Nutzen Sie für eine aussagekräftige Analyse daher sowohl quantitative als auch qualitative Erhebungsmethoden. In der Fachsprache wird hierfür der Begriff „Triangulation" genutzt.

Die Instrumente zur Datenerhebung testen

Bevor es „ernst" wird und Sie mit Ihrer Datenerhebung beginnen, sollten Sie Ihre Instrumente der Datenerhebung (das heißt, den erarbeiteten Fragebogen oder den Interviewleitfaden) testen. Denn egal, wie gut die Instrumente erarbeitet und das Vorgehen geplant wurden: Es können sich immer Fehler einschleichen, die die Qualität der Erhebung gefährden. Daher lohnt sich der Aufwand, die Instrumente zunächst bei einer kleinen Zahl von Personen zu testen und diese danach zu befragen. Im sogenannten „Pretest" sollte das Augenmerk auf folgende Punkte gelegt werden:

• Sind die Fragen klar und unmissverständlich formuliert? Kann die befragte Zielgruppe mit der Wortwahl etwas anfangen oder kommen unbekannte Fremdworte etc. vor?

• Ist der Inhalt der Fragestellungen sinnvoll und wird darauf geachtet, dass die Fragen bei den Befragten kein Unbehagen oder eine Abwehrhaltung hervorrufen?

• Sind die Anweisungen an die Personen, die die Erhebung durchführen, klar und unmissverständlich?

• Ist die Länge der Befragung / des Fragebogens angemessen? Oft dauern Befragungen zu lange und die Befragten werden ungeduldig und unkonzentriert, was sich negativ auf die Qualität der Antworten auswirkt.

Projektbeispiel PAFF

Um festzustellen, ob sich die schulischen Leistungen der teilnehmenden Jugendlichen verbessern, nutzt PAFF verschiedene Methoden der Datenerhebung: Dabei werden die Schulnoten in den verschiedenen Fächern regelmäßig festgehalten, die Jugendlichen im Rahmen einer systematischen Beobachtung während des Unterrichts beobachtet und die Lehrer hinsichtlich ihrer Einschätzung der Entwicklung der Jugendlichen befragt.

7. DATENAUFBEREITUNG UND -ANALYSE

Was möchten Sie wissen?

Werten Sie nicht „um der Auswertung Willen" aus und analysieren Sie nicht „um der Analyse Willen", sondern behalten Sie bei der Auswertung und der Analyse der Daten immer Ihre Erkenntnisinteressen und Fragestellungen im Blick!

In diesem Kapitel erfahren Sie, …

- wie Sie die erhobenen Daten auswerten und analysieren können, sodass Sie Informationen erhalten, die Sie nutzen können.
- wie Sie aus diesen Informationen konkrete Schlussfolgerungen und Handlungsempfehlungen ableiten können.

Das Feedback, das Sie während und nach der Seereise von Ihren Passagieren bekommen haben, Ihre eigenen Eindrücke und Informationen von weiteren Personen, die an der Reise beteiligt waren, ordnen und analysieren Sie mit Ihrer Mannschaft: Haben Sie mit Ihren Passagieren das Ziel erreicht? Verlief die Reise wie geplant? Hat den Passagieren die Überfahrt gefallen? Konnten sie von der Reise profitieren? Hat sich jemand unwohl gefühlt und, falls ja, warum? Und was folgt daraus für die weitere oder die nächste Reise?

Im vorherigen Kapitel des Kursbuchs wurde dargestellt, wie Daten erhoben werden. Liegen die Daten vor, ist bereits ein großer Schritt getan. Nützlich wird der ganze Aufwand jedoch erst, wenn die Daten nicht als Haufen unausgewerteter Fragebögen in Ordnern verstauben oder als unbearbeitete Excel-Tabellen in den Tiefen des Computers verschwinden. Die Daten sind ein „Schatz", den es nach der Bergung auch zu nutzen gilt. Im nun folgenden Schritt geht es also darum, die Daten in Informationen umzuwandeln, aus denen Sie lernen und die Sie für die wirkungsorientierte Projektsteuerung nutzen können.

Die Auswertung und die Analyse von Daten können je nach Erkenntnisinteresse und der Menge und Qualität der vorliegenden Daten ein sehr anspruchsvoller Prozess sein, für den Erfahrung und Fachwissen erforderlich sind. Ziel dieses Kapitels ist es daher nicht, Sie zu „Profis" für Datenauswertung zu machen, sondern es sollen praxisnahe Tipps für den Umgang mit Daten aus der Wirkungsanalyse vermittelt werden, die auch von kleinen Projekten selbstständig umgesetzt werden können. In vier Schritten wird gezeigt, wie Sie aus einem „Berg an Informationen" nützliche Schlussfolgerungen ziehen und Handlungsempfehlungen entwickeln können. Davor soll die Frage nach dem Zeitpunkt und den Zuständigkeiten für Auswertung und Analyse geklärt werden.

7.1 WANN UND WIE OFT SOLLTEN DIE DATEN AUSGEWERTET UND ANALYSIERT WERDEN?

Erfahrungsgemäß sind Daten, die nicht bald nach ihrer Erhebung genutzt werden, verloren. Die Auswertung und Analyse der Daten sollten daher so bald wie möglich nach deren Erhebung stattfinden. Denn zum einen kann nur so gewährleistet werden, dass die Informationen, die für die weitere Projektsteuerung und die Kommunikation benötigt werden, auch aktuell sind. Zum anderen haben Sie nur dann die Möglichkeit, noch weitere Informationen einzuholen, wenn Sie *bald* nach der Erhebung der Daten feststellen, dass es noch Unklarheiten gibt.

Das bedeutet, dass sich die *Auswertung* der Daten in der Regel dem Rhythmus der Datenerhebung anpasst (→ Kap. 4 „Wann sollte M&E durchgeführt werden?"). Bei der *Datenanalyse* hängt der Zeitpunkt der Analyse aber auch von der jeweiligen Fragestellung ab. So können Daten zum Beispiel kurz nach ihrer Erhebung analysiert werden, um ein Bild vom aktuellen „Status Quo" zu bekommen. Dieselben Daten können aber auch zu einem

späteren Zeitpunkt für eine weitere Analyse genutzt werden, wenn zum Beispiel Entwicklungen im Zeitverlauf analysiert werden sollen.

7.2 WER IST FÜR DIE DATENAUSWERTUNG UND -ANALYSE ZUSTÄNDIG?

Beim Monitoring und bei internen Evaluationen fällt die Auswertung der Daten in den Aufgabenbereich der Projektmitarbeiter, die auch die Daten erheben. Wenn dabei mehrere Personen beteiligt sind, ist es sinnvoll, eine verantwortliche Person zu bestimmen, bei der die Daten zusammenlaufen und die die Auswertung koordiniert. Bei externen Evaluationen ist die Auswertung Bestandteil der Arbeit der externen Evaluatoren.

Die Qualität der Analyseergebnisse hängt entscheidend davon ab, wer bei der Analyse einbezogen ist. Die Datenanalyse sollte daher nicht „im stillen Kämmerlein" stattfinden! Tauschen Sie sich mit Kollegen aus dem Projekt aus und binden Sie die Stakeholder mit ein, die die Ergebnisse der Analyse einschätzen und gegebenenfalls hinterfragen können. So können verschiedene Interpretationen der Ergebnisse einbezogen werden, mögliche Fehler in den Schlussfolgerungen können aufgedeckt werden, und die angestrebten Lernprozesse werden von Beginn an auf eine breitere Basis gestellt. Bei einer externen Evaluation bedeutet das, dass der externe Evaluator die Ergebnisse der Evaluation vor einer für die jeweilige Schwerpunktsetzung und den Zweck der Evaluation repräsentativen Gruppe von Stakeholdern vorstellen und es die Möglichkeit zum Feedback geben soll.

Projektbeispiel PAFF

Die Informationen, die bei PAFF im Rahmen des regelmäßigen Monitorings erhoben werden, werden von der Projektleitung ausgewertet und in einem ersten Schritt analysiert. Die Ergebnisse werden bei den Treffen des Leitungsteams vorgestellt, diskutiert und hinterfragt. Dabei werden je nach Bedarf zum Beispiel Paten oder Lehrer einbezogen.

Als die Ergebnisse der externen Evaluation (mit dem Fokus auf dem Thema „Sozialkompetenzen der teilnehmenden Jugendlichen") vorgestellt wurden, waren neben dem Leitungsteam einige erfahrene Paten, die Klassenlehrer aus den Klassen, aus denen Schüler am Projekt teilnehmen, sowie zwei Vertreter von Betrieben, bei denen Projektteilnehmende eine Ausbildung machen, anwesend. Dadurch war es möglich, die Ergebnisse der Evaluation mit den Alltagserfahrungen der verschiedenen Stakeholder zu vergleichen und zu diskutieren.

Tipp: Die folgenden Fragen helfen Ihnen bei der Arbeit mit Ihren Daten

Fragen für die *Datenauswertung* *Schritt 1*	Fragen für den *Plausibilitätscheck* *Schritt 2*	Fragen für die *Datenanalyse (Vergleiche)* *Schritt 3*	Fragen für die *Datenanalyse (Schlussfolgerungen)* *Schritt 3*	Fragen für die *Handlungsempfehlungen* *Schritt 4*
Zeichnen sich in den Daten Trends oder Anhäufungen (Cluster) ab?	Wurde die Auswertung einer Qualitätskontrolle unterzogen? Weichen die Ergebnisse so stark von der Einschätzung der am Projekt beteiligten Stakeholder ab, dass die Auswertung fehlerhaft sein könnte?	Wie ist das Ergebnis im Vergleich zu früheren Resultaten/geplanten Resultaten/Resultaten aus anderen Projekten? Ist das Ergebnis besser/schlechter als erwartet? Zeigen sich Entwicklungen, die von der Planung abweichen?	Falls das so ist/nicht so ist, warum? Lassen sich Zusammenhänge erkennen? Zeigen sich Veränderungen in den grundlegenden Annahmen oder dem Umfeld des Projekts (zum Beispiel bezüglich der Bedarfe)?	Wie kann das geändert werden? Muss das Projekt angepasst werden? Müssen die Pläne angepasst werden? Was sollte getan werden?

Tipp

Welche weiteren Informationen werden benötigt, um die Fragen zu beantworten? An welcher Stelle muss noch mal genauer hingeschaut und/oder analysiert werden?

7.3 IN VIER SCHRITTEN VON DER DATENAUFBEREITUNG ZUR ERARBEITUNG VON HANDLUNGSEMPFEHLUNGEN

Im Folgenden wird dargestellt, wie Sie in vier Schritten von den in der Wirkungsanalyse erhobenen Daten zu Handlungsempfehlungen kommen, die Ihnen helfen, Ihr Projekt – wo notwendig – noch wirkungsorientierter zu gestalten.

Aus einigen Daten lassen sich relativ leicht Aussagen ableiten, während in der Mehrzahl der Fälle das Daten-„Rohmaterial" aufbereitet und ausgewertet werden muss, damit es als Information genutzt werden kann (Schritt 1). Dabei sollte der Qualität der Datenauswertung eine große Bedeutung beigemessen werden (Schritt 2). Bei der Datenanalyse (Schritt 3) geht es darum, die Daten in einen Kontext zu stellen, Quer-

verbindungen zu ziehen, Entwicklungen zu identifizieren und die Resultate auf der Basis von Vergleichen zu bewerten und zu interpretieren. Auf der Basis der Datenanalyse werden dann (in Schritt 4) Handlungsempfehlungen erarbeitet.

Schritt 1: Daten aufbereiten und auswerten

Die erhobenen Daten müssen zunächst in eine Form gebracht werden, in der sie ausgewertet werden können. Diese *Aufbereitung* beinhaltet, dass die Daten systematisiert und zusammengefasst werden. Dabei ist die Art der Aufbereitung abhängig davon, wie die Daten erhoben wurden (→ Kap. 6 „Methoden der Datenerhebung"). *Quantitative* Daten lassen sich in Tabellen (z. B. Excel) aufbereiten. Bei qualitativen Daten, die beispielsweise durch Interviews oder durch Fragebögen mit offenen Fragen erhoben wurden, müssen zunächst die Kernaussagen systematisiert und zusammengefasst werden. Bei der *Auswertung* der Daten werden die Informationen dann aus den einzelnen Datensätzen zusammengefasst.

Schritt 2: Plausibilitätscheck

Der Plausibilitätscheck ist ein auf den ersten Blick kleiner, aber sehr wichtiger Schritt. Denn Fehler bei der Erhebung und bei der Auswertung der Daten können die Aussagen einer Untersuchung stark verzerren. Unterziehen Sie daher den Auswertungsprozess einer laufenden Qualitätskontrolle. Während die Auswertung der Daten durch einige wenige Personen durchgeführt werden sollte, sollten Sie in Rahmen des Plausibilitätschecks diejenigen Stakeholder einbeziehen, die das Projekt so gut kennen, dass sie die Ergebnisse der Datenauswertung einschätzen können. So sind es wahrscheinlich die Mitarbeitenden des Projekts, denen auffällt, ob und an welcher Stelle die Ergebnisse ihren Erfahrungen und Einschätzungen widersprechen oder diese bestätigen. Fragen Sie, wo notwendig, Experten um Rat.

Datenaufbereitung in einer Tabelle

ID Patenkind [1]	Note im Fach Deutsch			Teilnahme am Bewerbungs-training		Betreuung abgeschlossen		qualifizierter Schulabschluss		Lehrstelle gefunden	
	Jahr 1	Jahr2	Jahr3	ja	nein	ja	nein	ja	nein	ja	nein
101	3	3	2	x		x		x		x	
102	4	5	4	x			x		x		x
103	5	4	4		x	x		x			x
104	4	3	3	x		x		x		x	
...											
...											
Auswertung	4,0	3,75	3,2	3	1	3	1	3	1	2	2

Schritt 3: Daten analysieren

Die Auswertung der Daten in Schritt 1 ist rein deskriptiv, das heißt, die Ergebnisse werden „wie sie sind" dargestellt: zum Beispiel „30 Prozent der Jugendlichen haben einen Ausbildungsplatz bekommen." Die Analyse der Daten baut auf dieser Beschreibung auf und reflektiert die Ergebnisse. Dabei werden die Resultate auf der Basis von Vergleichen bewertet und interpretiert. Wichtig ist dabei: Mit „Bewertung" ist in diesem Zusammenhang nicht gemeint, dass Aussagen dazu getroffen werden, ob das Projekt an sich „gut" oder „schlecht" ist, sondern es geht darum, die

[1] Anmerkung:
Statt den Namen der Teilnehmenden werden den Datensätzen aus Gründen der Vertraulichkeit der Informationen und der besseren Handhabbarkeit bei den Auswertungen großer Datenmengen Codierungen zugeordnet.

Resultate in einen Kontext zu setzen und vor diesem Hintergrund festzustellen, ob das Projekt auf dem geplanten Weg ist. Im Sinne der wirkungsorientierten Steuerung ist die Analyse der Daten daher ein sehr wichtiger Schritt, der die Grundlage für Lernen und Verbessern schafft.

Vergleiche ziehen: wichtig, aber bitte mit Bedacht!

Vergleiche sind ein zentraler Bestandteil der Datenanalyse: Sie bilden die Grundlage für die Einschätzung der Ergebnisse. Der Gedanke, die eigene Arbeit mit der von anderen Projekten zu vergleichen, löst jedoch bei nicht wenigen Menschen im gemeinnützigen Sektor Unbehagen aus. Dafür gibt es verschiedene Gründe. Zum einen nehmen viele Projekte ihre Arbeit als so „einmalig" wahr, dass sie diese für mit nichts vergleichbar halten. Zum anderen gibt es – zum Teil nicht zu Unrecht – die Befürchtung, dass Geldgeber ihre Finanzierungsentscheidung auf Grundlage der Ergebnisse der Vergleiche treffen. In der Tat sind rein quantitative Vergleiche ohne eine Interpretation der Zahlen keine gute Entscheidungsgrundlage. So können beispielsweise die Übergangszahlen von Schülern in eine Ausbildung in strukturschwachen Regionen nicht sinnvoll mit der Übergangsquote in Regionen mit einem hohen Lehrstellenangebot verglichen werden, ohne dabei die Arbeitsmarktsituation mitzuberücksichtigen. Eine Erfolgsmessung ausschließlich an „harten" Zahlen wie der Übergangsquote in Ausbildung kann auch dazu führen, dass Projekte, deren Förderung von dieser Kennzahl ab-

hängt, dazu tendieren, mit Jugendlichen zu arbeiten, bei denen von Anfang an ein erfolgreicher Abschluss der Maßnahme wahrscheinlich ist. Dieses sogenannte „Creaming" (auf Deutsch in etwa: „die Sahne abschöpfen") führt dazu, dass die „schwereren Fälle" gar nicht erst in die Projekte aufgenommen werden und ihnen keine Chance gegeben wird. Wenn Vergleiche gezogen werden, sollte dies also mit Bedacht geschehen, und die Ergebnisse sollten im Rahmen des jeweiligen Kontexts interpretiert werden. Denn trotz der Herausforderungen: Vergleiche bilden die zentrale Grundlage für Lernen und Verbessern (→ Kap. 8). Ohne Vergleiche ist es kaum möglich, festzustellen, wie gut das Projekt wirklich ist und wie es sich entwickelt. Vergleiche bieten eine Grundlage für Diskussion, (gemeinsames) Lernen und Entscheiden.

Arten von Vergleichen

Sinnvolle Vergleiche werden vor dem Hintergrund eines bestimmten Erkenntnisinteresses gezogen. Auf der Basis der im Rahmen der Wirkungsanalyse erhobenen Daten können verschiedene Arten von Vergleichen gezogen werden. Die meisten Arten werden dabei innerhalb eines Projekts gezogen, einige Arten von Vergleichen setzen die Resultate aus dem Projekt mit Daten aus anderen Projekten ins Verhältnis. Welche Art von Vergleichen man für die Analyse des eigenen Projekts nutzt, hängt von der jeweiligen Fragestellung ab.
Im Folgenden werden verschiedene Arten von Vergleichen dargestellt, und es wird

	Notendurchschnitt Klasse gesamt	Notendurchschnitt Projektteilnehmer	Notendurchschnitt nicht Teilnehmende am Projekt (Kontrollgruppe)
vor Projektbeginn (Baseline)	3,5	3,5	3,5
Projektjahr 1	3,25	3,0	3,5
Projektjahr 2	3,15	2,9	3,4

anhand des Projektbeispiels PAFF gezeigt, welche möglichen Schlussfolgerungen daraus im Rahmen der Datenanalyse gezogen werden können.

Achtung: Natürlich müssen Sie für Ihr Projekt nicht alle diese Vergleiche nutzen! Die Darstellung der verschiedenen Arten von Vergleichen soll Ihnen einen Überblick über die verschiedenen Möglichkeiten verschaffen, aus denen Sie je nach Bedarf das Passende auswählen können.

1. Vorher-Nachher-Vergleich

Bei Vorher-Nachher-Vergleichen werden Veränderungen im Zeitverlauf dargestellt.

Beispiel: Es soll festgestellt werden, ob sich die Mathe-Note bei den Schülern innerhalb einer Schulklasse, die am Nachhilfeangebot von PAFF teilnehmen, (positiv) verändert hat (vgl. hierzu die Tabelle oben).

Mögliche Schlussfolgerungen im Rahmen der Analyse:
Der Notendurchschnitt der teilnehmenden Schüler hat sich innerhalb von zwei

Schuljahren um 0,6 verbessert. Um festzustellen, inwieweit die Veränderung auf die Teilnahme an der Nachhilfe von PAFF zurückzuführen ist, müssen jedoch zusätzliche Vergleichsmöglichkeiten geschaffen werden. Beispielsweise können die Noten von Schülern der Klassen, die am Projekt teilgenommen haben, und die Noten der Schüler aus derselben Klasse, die nicht am Nachhilfeangebot von PAFF teilgenommen haben, miteinander verglichen werden. Ansonsten könnte es ja auch sein, dass sich die Noten der gesamten Klasse verbessert haben, weil die Klasse zum Beispiel eine neue Mathelehrerin bekommen hat und die Teilnahme am Nachhilfeangebot somit gar nicht der ausschlaggebende Faktor für die Notenverbesserung der bei PAFF teilnehmenden Jugendlichen war.

2. Soll-Ist-Vergleich

Soll-Ist-Vergleiche vergleichen die tatsächlichen Resultate mit den angestrebten Zielen (Soll-Werten) des Projekts.

Beispiel 1: Es soll festgestellt werden, ob sich der Prozentsatz der teilnehmenden Jugendlichen, die direkt nach dem

Abb.: Tabelle zum Beispiel „Vorher-Nachher-Vergleich"

Abb.: Tabelle zum Beispiel 1 „Soll-Ist-Vergleich"

	Übergangsquote tatsächlich	Übergangsquote Soll-Wert	Differenz Prozentpunkte
Projektjahr 1	50 %	70 %	-20 *1
Projektjahr 2	75 %	70 %	+5
Projektjahr 3	60 %	70 %	-10 *2

Schulabschluss einen Ausbildungsplatz bekommen haben, so entwickelt hat, wie erhofft.

*1: Das Projekt hat im ersten Jahr seine gesetzten Ziele nicht erreicht. Hier sollte nachgefragt werden, ob eine Veränderung der Projektinhalte und Abläufe zu einer Verbesserung beitragen könnte. Gleichzeitig sollte auch überlegt werden, ob das Ziel eventuell zu hoch gesteckt war und angepasst werden sollte. Gerade zu Projektbeginn, wo noch wenige Erfahrungen vorliegen, kann das passieren. Ein Vergleich mit (vergleichbaren) Projekten kann hier hilfreich sein.

*2: Nachdem im Vorjahr der Soll-Wert erreicht wurde, ist die Übergangsquote wieder gesunken. Kein Grund zur „Panik", aber zur Aufmerksamkeit. Gründe dafür können im Projekt liegen (Kann ein Qualitätsverlust festgestellt werden? Gibt es veränderte Anforderungen, auf die bislang nicht reagiert wurde?) oder außerhalb des Projekts (zum Beispiel ein Rückgang der Zahl der angebotenen Lehrstellen in der Region). Hier ist ein Blick auf den Problembaum (→ Kap. 1) hilfreich, der das gesamte Ursachen- und Auswirkungsgefüge darstellt, innerhalb dessen sich das Projekt bewegt.

Beispiel 2: Festgestellt werden soll, ob die Paten mit ihrer Betreuung durch die Patenbetreuer zufrieden sind.

sehr zufrieden	ziemlich zufrieden	ziemlich unzufrieden	sehr unzufrieden	insgesamt
10 % (n=5)	50 % (n=25)	30 % (n=15)	10 % (n=5)	100 % (n=50)

Mögliche Schlussfolgerungen im Rahmen der Analyse:
40 % der Paten sind mit der Betreuung nicht zufrieden. Auch wenn sich die Projektverantwortlichen hier keinen expliziten Soll-Wert gesetzt hatten, mit dem diese Ergebnisse verglichen werden können, bestand nach der Auswertung der Daten Einigkeit darüber, dass dieser Wert überraschend und viel zu hoch war. Woran kann die Unzufriedenheit liegen? Lässt sich herausfinden, ob es sich zum Beispiel um Paten handelt, die in derselben Patengruppe sind? Wie regelmäßig besteht zu diesen Paten Kontakt? Was kann getan werden, um die Zufriedenheit zu steigern?

Beispiel 3: Vergleich der Erwartungen/Zielsetzungen der Teilnehmenden und ihrer Paten mit den tatsächlich erreichten Ergebnissen.

	Note zu Beginn der Patenschaft	gemeinsam gestecktes Ziel für das Ende des Schuljahrs	Note im Zwischenzeugnis	Note zu Schuljahresende
Mathe-Note	5	3	5	4
Deutsch-Note	5	3	4	3

Bei PAFF überlegen sich die Paten „kinder" und ihre Paten gemeinsam, welche (realistischen) Verbesserungen sie bei der Mathe- und Deutsch-Note gemeinsam erreichen wollen.

Mögliche Schlussfolgerungen im Rahmen der Analyse:

Angesichts der Ergebnisse sollte gemeinsam mit dem Patenkind überlegt werden: „Was von den gemeinsam gesteckten Zielen haben wir erreicht? Wo können wir uns schon auf die Schulter klopfen? Wo müssen wir noch etwas tun? Welche zusätzlichen Maßnahmen, zum Beispiel die Teilnahme an zusätzlichen Nachhilfeangeboten, können dabei unterstützen?"

3. Vergleiche zwischen verschiedenen Möglichkeiten der Konzeptgestaltung

Vergleiche zwischen verschiedenen Möglichkeiten der Projektdurchführung erlauben Rückschlüsse auf die Erfolgsfaktoren eines Projekts. Wenn das Projektkonzept zum Beispiel nach einer Evaluation geändert wurde, können die Ergebnisse der vorherigen Evaluation mit denen der neuen Evaluation verglichen werden, um festzustellen, ob die Veränderungen auch zu anderen/besseren Resultaten geführt haben.

Erfolg bei der Lehrstellensuche – Übergangsquoten

Konzept PAFF mit zusätzlichem Bewerbungstraining

Konzept PAFF ohne Bewerbungstraining

+15 %

50 %

Beispiel: Festgestellt werden soll, ob die Jugendlichen, die zusätzlich zu der Patenschaft noch ein Bewerbungstraining hatten, mehr Erfolg bei der Lehrstellensuche haben.

Mögliche Schlussfolgerungen im Rahmen der Analyse:
Das Bewerbungstraining scheint einen positiven Effekt auf die Übergangsquote zu haben. In diesem Beispiel hatten die Projektverantwortlichen schon aus ihren Erfahrungen im Projektalltag das Gefühl, dass das Bewerbungstraining ein wichtiger Erfolgsfaktor für den erfolgreichen Einstieg in eine Ausbildung ist. Bei der Analyse der Daten wurde diese Vermutung dann bestätigt.

Wenn zunächst noch nicht klar ist, auf welchen Faktoren bei der Analyse das Augenmerk liegen sollte, ist mehr „Spürsinn" gefragt: Welche verschiedenen Bestandteile (zum Beispiel Bewerbungstrainings oder Nachhilfe) und Qualitätsfaktoren (zum Beispiel Nachhilfe durch ausgebildete Lehrkräfte) gibt es im Projekt, und lassen sich daraus Rückschlüsse auf die Erfolgskriterien des Projekts ziehen? Haben zum Beispiel die Teilnehmenden, die einen Ausbildungsplatz gefunden haben, davor am Bewerbungstraining teilgenommen? Waren die Jugendlichen, deren Schulnoten sich deutlich verbessert haben, diejenigen, die den Nachhilfeunterricht bei einer ausgebildeten Lehrkraft hatten?

Antworten auf diese Fragen können bei der Entwicklung von Qualitätskriterien sehr hilfreich sein. So wurde bei PAFF beschlossen, die Nachhilfe, soweit das die finanziellen Ressourcen zulassen, von ausgebildeten Lehrkräften durchführen zu lassen, statt wie davor auch von Studenten.

Beispiel: Festgestellt werden soll, ob alle (Unter-)Zielgruppen wie geplant erreicht werden.

Teilnehmende		
Jungen	mit Migrationshintergrund	10
	ohne Migrationshintergrund	15
Mädchen	mit Migrationshintergrund	5
	ohne Migrationshintergrund	20
Insgesamt		50

4. Vergleiche zwischen Zielgruppen / Unterzielgruppen

Vor dem Hintergrund bestimmter Fragestellungen kann bei der Datenauswertung und -analyse die Differenzierung nach verschiedenen Zielgruppen bzw. Unterzielgruppen hilfreich sein.

Mögliche Schlussfolgerungen im Rahmen der Analyse:

Bei der Bedarfsanalyse hatte PAFF Jugendliche mit Migrationshintergrund als Zielgruppe mit besonders hohem Förderbedarf identifiziert und möchte diese besonders fördern. Offenbar werden jedoch Mädchen mit Migrationshintergrund vergleichsweise wenig erreicht. Hier sollte nach den Gründen gefragt werden: Spiegelt die Zahl die Verteilung und die Bedarfe in den derzeit betreuten Klassen wider? Es kann ja durchaus sein, dass es in einer Jahrgangsstufe wenig Schülerinnen mit Migrationshintergrund gibt, die für die Teilnahme am Patenprojekt in Frage kommen. Oder muss überlegt werden, wie man gezielt bei dieser (Unter-)Zielgruppe eine Projektteilnahme fördern kann?

5. Vergleiche zwischen Projekten / Benchmarking

Benchmarking ist eine besondere Form des Lernens zwischen Organisationen. „Benchmark" lässt sich übersetzen mit Maßstab oder Bezugsgröße und Benchmarking entsprechend mit „Maßstäbe setzen". Mit Benchmarking ist hier ein (kontinuierlicher) Vergleich von Kosten, Resultaten oder Wirkungen mit anderen vergleichbaren Projekten gemeint. Dabei kann es sich um vergleichbare Projekte anderer Organisationen handeln, aber auch um das gleiche Projekt an einem anderen Standort. Benchmarking kann zwar das gesamte Projekt umfassen, sinnvoller ist oft jedoch der Fokus auf einen bestimmten Teilaspekt des Projekts.

Die Voraussetzung für sinnvolle Vergleiche zwischen Projekten ist natürlich eine grundsätzliche Vergleichbarkeit. Aber auch wenn Projekte oft sehr individuell gestaltet

sind: Mit wenigen Ausnahmen wird es kaum ein Projekt geben, das sich (zumindest in Teilen) mit überhaupt keinem anderen vergleichen lässt. Hier lohnt es sich, die Augen offen zu halten und gezielt Kontakte zu ähnlichen Projekten zu suchen.

Will man ein „methodisch korrektes" Benchmarking durchführen, handelt es sich um ein sehr aufwändiges Verfahren, das einiges an Expertise voraussetzt und auf das im Rahmen dieses Kursbuchs nicht eingegangen werden kann. Es soll aber ein Grundgedanke des Benchmarkings kurz aufgegriffen werden: nämlich, dass Benchmarking eine Orientierungshilfe für die eigene Weiterentwicklung sein kann.

Mit der Idee im Hinterkopf, dass Benchmarking-Vergleiche eine große Chance für die wirkungsorientierte Weiterentwicklung eines Projekts bieten, kann Bench-

marking für das Mit- und Voneinander-
lernen von Organisationen genutzt
werden. Deshalb: Halten Sie im Rahmen
eines „alltagstauglichen Benchmarkings"
die Augen gezielt nach Organisationen
offen, die vergleichbare Projekte umsetzen.
Wenn Sie dabei feststellen, dass eine
Organisation besonders wirkungsvoll
und/ oder effizienter arbeitet als Ihre Organisation oder einen interessanten zusätzli-

chen Projektbaustein in ihrem Konzept
hat: Suchen Sie den Austausch!
Vielleicht ergeben sich daraus Erkenntnisse, wie Sie Ihre eigenen Prozesse,
Konzepte und Ergebnisse noch weiter
verbessern können und organisations-
übergreifend gelernt werden kann.

Beispiel: Vergleich der Übergangsquoten in Ausbildung von drei Projekten

Projekt	PAFF	Hop on the Job	Jobonauten
Übergangsquote der Teilnehmenden in Ausbildung im Jahr x	60%	75%	65%

Mögliche Schlussfolgerungen im Rahmen der Analyse:
Der Vergleich mit zwei anderen Projekten
ergibt, dass diese höhere Übergangsquoten erzielen als PAFF. Hier sollte zunächst
festgestellt werden, ob es sich um vergleichbare Ansätze handelt, ob die Projekte
in derselben Region tätig sind beziehungsweise in einer Region mit vergleichbaren
Rahmenbedingungen und ob die Projekte
regelmäßig so gute Resultate erzielen oder
ob es sich zufällig um einen besonders
guten Jahrgang handelt, und das Ergebnis

nicht repräsentativ ist. Im nächsten Schritt
sollten die Projektverantwortlichen von
PAFF den Austausch mit den anderen Projekten suchen, um herauszufinden, was die
„Erfolgsfaktoren" (zum Beispiel zusätzliche Trainings, Praktikumsangebote, eine
längere oder intensivere Betreuung durch
die Paten) sind und ob möglicherweise
versucht werden sollte, diese auch bei PAFF
ins Projektkonzept zu integrieren.

Vorsicht vor falschen Schlüssen!

Die Analyse der Daten sollte
so objektiv wie möglich sein.

Bei der Analyse und der
Bewertung sollte man sich
daher stets im Klaren sein,
welche Grundannahmen und
Wertevorstellungen hinter der
Interpretation der Daten
stehen. So kann zum Beispiel
die Entscheidung einer
Jugendlichen, Friseurin zu
werden, von jemandem, der
einer akademischen Laufbahn
einen höheren Wert zumisst,
als unbefriedigendes Ergebnis
einer berufsorientierenden
Maßnahme gewertet werden,
während es sich für die junge
Frau um den Traumberuf
handelt.

Projektbeispiel PAFF

In manchen Fällen kann es notwendig sein, auf der Grundlage der Analyse noch weitere
Daten (evtl. mit anderen Instrumenten) zu erheben:
Als bei einer der regelmäßigen Fragebogen-Umfragen bei den Paten von PAFF eine überraschend hohe Unzufriedenheit mit der Betreuung durch die Projektleitung festgestellt wurde,
entschloss man sich, der Sache durch eine qualitative Befragung im Rahmen einer Fokusgruppe mit den Paten auf den Grund zu gehen.

Fragen für die *Datenauswertung*	Fragen für den *Plausibilitätscheck*	Fragen für die *Datenanalyse (Vergleiche)*	Fragen für die *Datenanalyse (Schlussfolgerungen)*	Fragen für die *Handlungsempfehlungen*
Schritt 1	**Schritt 2**	**Schritt 3**		**Schritt 4**
Wie viele Jugendliche erhalten einen Ausbildungsplatz? Wie verändern sich die schulischen Leistungen?	Wurde die Auswertung einer Qualitätskontrolle unterzogen?	Wie ist das Ergebnis im Vergleich zu den geplanten Resultaten?	Warum ist das so? Lassen sich Ursachen und/oder Zusammenhänge erkennen?	Wie kann das geändert werden? Muss das Projekt angepasst werden? Müssen die Pläne angepasst werden? Was sollte getan werden?
50 % der Jugendlichen, die am Patenprojekt teilnehmen, erhalten einen Ausbildungsplatz. Die schulischen Leistungen in den Kernfächern liegen bei einem Notendurchschnitt von 3,6.	Die Daten wurden bei der Eingabe überprüft und die Ergebnisse in einer Auswertungssitzung diskutiert.	Das Projekt bleibt hinter seinem Ziel, 70 % der Jugendlichen in eine Ausbildung zu vermitteln, zurück. Die schulischen Leistungen vor allem in den Kernfächern haben sich nur minimal verbessert.	Vor allem die Jugendlichen, bei denen sich (u.a.) die Schulleistungen nicht verbessert haben, haben keinen Ausbildungsplatz bekommen. Offenbar sind die Schulleistungen einer der entscheidenden Faktoren für einen erfolgreichen Übergang in eine Ausbildung.	Zusätzlich zu den bestehenden Bestandteilen des Projekts ist es wichtig, die Jugendlichen beim Lernen zu unterstützen. Daher wurde bei PAFF beschlossen, ein zusätzliches Nachhilfeangebot zu schaffen.

Abb.: Anhand des Projektbeispiels werden die vier Schritte noch einmal im Überblick gezeigt.

Schritt 4: Schlussfolgerungen und Handlungsempfehlungen

Auch die aufwändigste Datenerhebung und -analyse nützt nichts, wenn die Ergebnisse daraus nicht genutzt werden. Im vierten Schritt geht es daher darum, aus den Ergebnissen der Datenanalyse Handlungsempfehlungen abzuleiten. Handlungsempfehlungen leiten die Nutzung der Ergebnisse aus der Wirkungsanalyse ein. Für die wirkungsorientierte Steuerung ist dies ein zentraler Schritt, bei dem sehr viel Positives entstehen kann, wenn er reflektiert umgesetzt wird.

Handlungsempfehlungen „im stillen Kämmerlein" zu entwickeln, ist zumeist ein effektives Mittel, um deren Umsetzung zu verhindern. Wie im restlichen wirkungsorientierten Steuerungskreislauf ist auch hier das partizipative Vorgehen der Schlüssel zum Erfolg. Die Ergebnisse sollten im Rahmen eines Workshops den relevanten Stakeholdern vorgestellt und diskutiert werden. Auch hier kann es unter Umständen sinnvoll sein, Fachexperten einzubeziehen. Auf der Grundlage der Diskussionsergebnisse sollten dann *gemeinsam* die Empfehlungen formu-

WIRKUNG
PLANEN
1

WIRKUNG
ANALYSIEREN
2

WIRKUNG
VERBESSERN
3

Was tun bei „schlechten" Resultaten?

Auch wenn Sie in Ihrem Projekt exzellente Arbeit leisten, kann es vorkommen, dass die erzielten Resultate nicht Ihren Erwartungen (oder den Erwartungen der Stakeholder) entsprechen. Was sollten Sie in einem solchen Fall tun? Zunächst einmal sollte im Rahmen der Datenanalyse nach den Gründen für die Abweichungen gesucht werden. Die Gründe können dabei innerhalb und außerhalb des Projekts liegen. Dabei sollten die Resultate stets in den weiteren Kontext des Projekts eingeordnet werden, damit verständlich wird, wie die Ergebnisse zu bewerten sind. Der Problembaum ist hierfür ein nützliches Instrument (→ Kap. 1).

Ein systematisches Monitoring während des Projekts sollte verhindern, dass Sie von „schlechten" Ergebnissen überrascht werden. Bemühen Sie sich hier auch um einen regelmäßigen Austausch mit den Stakeholdern und informieren Sie sie über den Stand der Dinge. Verdeutlichen Sie dabei, warum Resultate hinter den Erwartungen zurückbleiben und welche Gegenmaßnahmen Sie planen. Im Idealfall sollten Geldgeber dies honorieren und den Lern- und Verbesserungsprozess aktiv unterstützen, anstatt „abzustrafen". Als die Evaluation bei PAFF ergeben hatte, dass die mangelnden Sozialkompetenzen der Jugendlichen ein entscheidendes Hemmnis beim Schritt in die Ausbildung sind, hat die Projektleitung gemeinsam mit ihrem Hauptgeldgeber, einer Förderstiftung, ein Sozialkompetenztraining als weiteres Projektmodul konzipiert, das nun auch von der Stiftung finanziert wird.

Auf jeden Fall sollten Sie versuchen, die Erkenntnisse zu nutzen, um einen Lern- und Verbesserungsprozess einzuleiten. Das Thema „Lernen und Verbessern" ist Inhalt des nächsten Kapitels (→ Kap. 8).

liert werden, sodass sich die Stakeholder damit identifizieren können und bereit sind, die nächsten Schritte umzusetzen beziehungsweise mitzutragen.

TEIL 3: WIRKUNG VERBESSERN

„Alles kann immer noch besser gemacht werden, als es gemacht wird."

Henry Ford (*1863 – † 1947)

Das sind die Inhalte von Teil 3 des Kursbuchs:

 In Kapitel 8 erfahren Sie, wie Sie die Ergebnisse aus der Wirkungsanalyse nutzen können, um daraus zu lernen und Strukturen, Prozesse und Strategien in der Projektarbeit anpassen und verbessern zu können.

 In Kapitel 9 erfahren Sie, wie Sie die Ergebnisse der Wirkungsanalyse für Ihre Berichterstattung und Öffentlichkeitsarbeit nutzen können.

 In Kapitel 10 erfahren Sie, wie Sie auf Grundlage von positiven Ergebnissen aus der Wirkungsanalyse feststellen können, ob und wie Sie Ihr wirkungsvolles Projekt verbreiten können.

Zum Weiterlesen – Direktdownload

Lesen Sie zum Thema auch unsere Studie „Wirkungsorientierte Steuerung in Non-Profit-Organisationen – Wirkung und Transparenz schaffen" Download unter *www.phineo.org/publikationen*

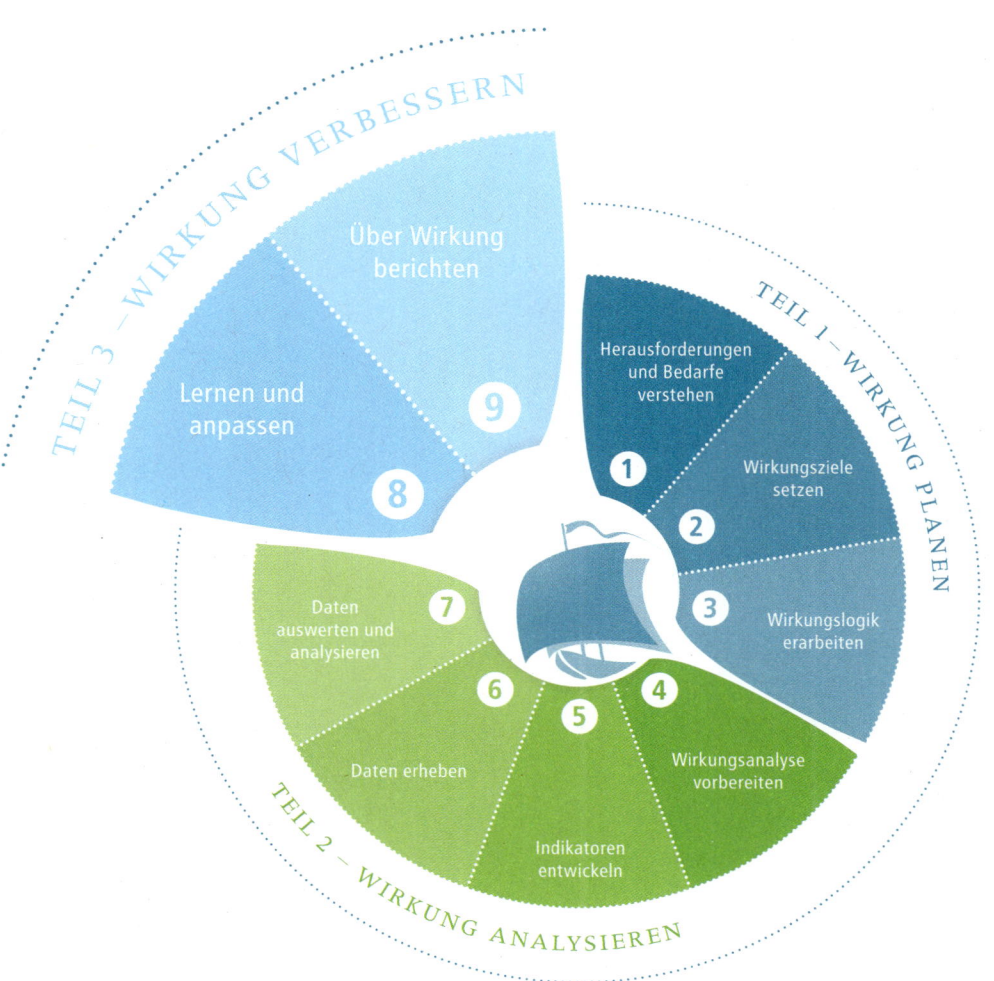

1 WIRKUNG
PLANEN

2 WIRKUNG
ANALYSIEREN

3 WIRKUNG
VERBESSERN

Auf Ihrer Seereise haben Sie nun schon einiges erlebt. Nach der Planung der Reise sind Sie in See gestochen und haben nach einer schönen, aber zum Teil auch abenteuerlichen Fahrt Kurs auf Ihr Ziel genommen. Dabei haben Sie von Zeit zu Zeit Ihren Kurs angepasst, Logbuch geführt und einen Reisebericht geschrieben. Und angesichts des großen Erfolgs und des positiven Feedbacks der Passagiere überlegen Sie, wie noch mehr Personen in den Genuss einer solchen Reise kommen können.

Auch in der wirkungsorientierten Projektsteuerung haben Sie bereits viel getan: Sie haben Ziele und eine Wirkungslogik formuliert, Ihr Monitoring- und Evaluationssystem eingeführt, auf der Grundlage von Indikatoren Daten erhoben, die Ergebnisse ausgewertet und Empfehlungen abgeleitet. Nun geht es darum, die Ergebnisse auch zu nutzen. Die Wirkungsanalyse hätte wenig Sinn, wenn Sie

die Ergebnisse daraus nicht nutzen würden. Das wäre in etwa so, als würden Sie einen Marathon laufen und sich kurz vor dem Ziel auf die Schulter klopfen und Kaffee trinken gehen.

Teil 3 des Kursbuchs beschäftigt sich mit der Nutzung der Ergebnisse der Wirkungsanalyse.

Lernen, Verbessern und Kommunizieren sind nicht strikt voneinander zu trennen. Sie ergänzen und überschneiden sich. Dass es sich dabei nicht um lineare Abläufe handelt, die nacheinander umgesetzt werden, sondern um Prozesse, die ineinandergreifen, sollte beim weiteren Lesen im Hinterkopf behalten werden.

8. LERNEN UND VERBESSERN

In diesem Kapitel erfahren Sie, …

- warum Lernen für die wirkungsorientierte Projektarbeit wichtig ist.
- was eine lernende Organisation ausmacht.
- wie Sie aus den Ergebnissen Ihrer Wirkungsanalyse lernen und Verbesserungen ableiten können.

Nach Ihrer Seereise reflektieren Sie gemeinsam mit Ihrer Mannschaft, ob und inwieweit Sie Ihr Ziel erreicht haben und wie die Reise gelaufen ist. Sie diskutieren, was Sie beim nächsten Mal anders machen können, um Ihre Ziele besser zu erreichen und halten dies in Ihrem abschließenden Reisebericht fest. Aber auch schon während der Seereise haben Sie sich regelmäßig mit Ihrer Mannschaft und den Passagieren ausgetauscht, um auf Probleme und Reklamationen so schnell wie möglich reagieren zu können. Wenn die

Informationen aus Ihrer Navigation ergeben haben, dass Sie vom Kurs abgekommen sind, haben Sie diesen angepasst. Und als Sie aufgrund einiger Rückmeldungen und noch vollen Tellern gemerkt haben, dass Ihren Gästen das Essen nicht so richtig schmeckt, haben Sie dies bei Ihren regelmäßigen Mannschaftsmeetings thematisiert. Es stellte sich heraus, dass einige Passagiere seekrank waren, der Koch aber nicht genügend Zeit und nicht die notwendigen Zutaten hatte, um eine entsprechende Schonkost zuzubereiten. Gemeinsam haben Sie daraufhin überlegt, wie man das Essen trotz der Situation verbessern kann.

Lernen bedeutet eine regelmäßige Auseinandersetzung mit den Ergebnissen aus der Wirkungsanalyse, die sich an der übergeordneten Frage orientiert, ob und inwieweit sich Ihr Projekt in Richtung seiner angestrebten Wirkungsziele bewegt. Im Rahmen des Lern-

1 WIRKUNG
PLANEN

2 WIRKUNG
ANALYSIEREN

3 WIRKUNG
VERBESSERN

prozesses können Sie Stärken und Schwächen identifizieren sowie Potenziale erkennen und gegebenenfalls Verbesserungen ableiten. Lernen ist damit eine Voraussetzung für die Qualität, die Wirkung und die Weiterentwicklung Ihres Projekts. Eine Organisation, die zwar ein Monitoring durchgeführt hat und evaluiert, aber die Ergebnisse weder hinterfragt noch aus ihnen lernt, läuft Gefahr, zu stagnieren und die Arbeit wie gewohnt fortzuführen, auch wenn sich die erwünschten Wirkungen nicht einstellen oder sich Bedarfe und Rahmenbedingungen ändern. Die Analyse der Daten aus der Wirkungsanalyse (→ Kap. 7) ist dabei die Grundlage für das Lernen.

Wie funktioniert wirkungsorientiertes Lernen in der Praxis? Im Folgenden soll zunächst auf die Voraussetzungen für Lernen auf Organisationsebene eingegangen werden. Dann soll gezeigt werden, wie Lernen innerhalb einer Organisation sowie Lernen zwischen Organisationen funktioniert.

8.1 VORAUSSETZUNGEN FÜR EINE „LERNENDE ORGANISATION"

Um effektiv aus der Wirkungsanalyse lernen zu können, müssen nicht nur Daten vorhanden sein, sondern es sollten in der Organisation bestimmte lernfördernde Voraussetzungen erfüllt sein. Diese umfassen die Organisationsleitung, die Ressourcen, die für Lernprozesse zur Verfügung stehen, eine Lern- und Fehlerkultur, die Organisationsstruktur, das Wissensmanagement und den transparenten Umgang mit Informationen. Lernen ist kein einmaliges oder punktuelles

Ereignis, sondern ein dynamischer Prozess, der während des gesamten Projektzyklus stattfindet. Um dies zu gewährleisten, muss die *Organisationsleitung* Lernen fördern und dafür sorgen, dass eine *Lernkultur* selbstverständlicher Bestandteil der Organisation ist. In einem lernfreudigen Umfeld werden Informationen zugänglich gemacht und Lernanreize geschaffen. Gleichzeitig muss die Organisationsleitung die notwendigen *Ressourcen* zur Verfügung stellen, damit Lernen stattfinden kann. Dabei handelt es sich in erster Linie um Zeit, die den Mitarbeitenden für gemeinsame Reflexionsprozesse zur Verfügung stehen muss. Lernen kann aber auch Sachkosten hervorrufen, wenn zum Beispiel ein Wissensmanagementsystem aufgebaut werden soll oder externe Experten hinzugezogen werden.

Die Lernkultur sollte dabei Hand in Hand mit einer *Fehlerkultur* gehen, das heißt, Fehler und Schwächen werden akzeptiert mit dem Ziel, daraus zu lernen und sich zu verbessern. Die Mitarbeiter einer Organisation müssen das Gefühl haben, zu Diskussionen ermutigt zu werden und offen sprechen zu können. Werden im Rahmen der Wirkungsanalyse aufgedeckte Fehler und Schwächen hingegen dafür benutzt, um Verantwortliche zu finden und diese dann abzustrafen, ist ein offener Austausch kaum möglich. Es werden Lernpotenziale vergeben und die Mitarbeiter werden die Wirkungsanalyse als bloßes Kontrollinstrument empfinden. Eine weitere Komponente, die Lernen fördert, ist eine *Organisationsstruktur* mit definierten Rollen und Verantwortlichkeiten für das Sammeln, die Nutzung und das Teilen von Wissen.

Wichtig zu wissen: Was bringt Lernen?

Gemeinsames Lernen aus den Ergebnissen Ihrer Wirkungsanalyse...

- verbessert kontinuierlich Prozesse und idealerweise die Wirkung Ihres Projekts.

- baut Wissen im Projekt und in der Organisation auf.

- stellt die Vorbereitung für wichtige Entscheidungen dar.

- trägt zur Motivation der Mitarbeiter bei, indem Erfolge sichtbar werden und eine stärkere Identifikation mit der eigenen Arbeit begünstigt wird.

- fördert bei den Mitarbeitern das Verständnis für die Notwendigkeit einer Wirkungsanalyse sowie für die auf Basis der Ergebnisse aus der Wirkungsanalyse getroffenen Entscheidungen.

Projektbeispiel PAFF: Als das Projekt PAFF begann, waren die Ideen und das Wissen in den Köpfen einiger weniger Personen verankert. Über vieles brauchte man sich gar nicht erst zu verständigen, alle wussten, um was es geht und wie die Abläufe organisiert sind. Mit der steigenden Zahl der Paten und der Patengruppenbetreuer wurde deutlich, dass man nicht mehr davon ausgehen konnte, dass alle alles wussten und auf dem aktuellen Wissensstand waren. Der Vorstand setzte daher einen Schwerpunkt auf das Thema „Lernen". In diesem Zusammenhang wurden nun regelmäßige Workshops sowohl für die Paten als auch für die Patengruppenbetreuer institutionalisiert. Im Rahmen des Wissensmanagements werden Beschlüsse nach bestimmten Vorgaben dokumentiert und abgelegt.

In regelmäßigen Abständen wird an alle Paten eine Info-Mail verschickt, und die Dokumentationen der Fortbildungen sind allen im Intranet zugänglich. Für die Abläufe wurden Verantwortlichkeiten festgelegt.

Im Rahmen der Lern- und Fehlerkultur werden die Paten bei den Patengruppentreffen ermutigt, auch von Misserfolgen zu sprechen und diese in der Gruppe zu diskutieren. Dafür haben die Paten zum einen die Möglichkeit, Themen, Fragen oder Probleme, die ihnen bei ihrer Patentätigkeit begegnen, auf die Tagesordnung zu setzen, um sie in der Patengruppe zu besprechen. Zum anderen erzählen bei der Anfangsrunde zu Beginn der Treffen alle Paten kurz, was sich seit dem letzten Treffen im Rahmen ihrer Patenschaft ereignet hat. Dabei werden immer die Punkte: „Das hat mich besonders gefreut / Das hat besonders gut geklappt" und „Hier war ich / wir unzufrieden / Das hat nicht geklappt / hier gab es Probleme / Eine Herausforderung für mich ist …" thematisiert. Die Paten lernen dadurch, auch über Misserfolge zu sprechen, und es entsteht eine Kultur des Von- und Miteinanderlernens.

Gerade in gemeinnützigen Organisationen mit vielen (ehrenamtlichen) Mitarbeitern, die nicht immer anwesend sind oder häufiger wechseln, ist es wichtig, Prozesse und Ergebnisse zu dokumentieren und festzuhalten, damit Wissen nicht verlorengeht. Um sicherzustellen, dass die Lernergebnisse auch langfristig für die Organisation verfügbar sind, ist es hilfreich, ein Wissensmanagement zu haben, welches den Zugang zu den relevanten Informationen vereinfacht und das Sammeln, Dokumentieren und Abspeichern von Wissen erleichtert. Dies lässt sich auch mit einfachen Mitteln realisieren.

Ein zentrales Prinzip einer lernenden Organisation ist *Transparenz*. Eine Organisation muss bereit sein, ihre Prozesse, Leistungen und Wirkungen gegenüber den Stakeholdern sichtbar und Informationen zugänglich zu machen, damit sie sich weiterentwickeln kann. Unterscheiden kann man *interne* und *externe* Transparenz, das heißt einmal die Transparenz innerhalb einer Organisation, etwa gegenüber den Mitarbeitern und der Organisationsleitung, sowie nach außen gegenüber externen Stakeholdern oder der

Öffentlichkeit. Transparenz ermöglicht den Dialog und das Lernen untereinander und erfüllt gleichzeitig eine legitimatorische Funktion, da durch Transparenz sichtbar wird, was Sie mit Ihrer Arbeit erreichen und wie Gelder eingesetzt werden (hierzu ausführlich → Kap. 9).

8.2 LERNEN IN DER ORGANISATION

Eine Möglichkeit, konkrete Gelegenheiten zum Lernen anzubieten, sind regelmäßige Treffen. Wann, wie oft und mit wem Treffen sinnvoll sind, richtet sich nach der Auswertung der Daten aus der Wirkungsanalyse und den Inhalten, die Sie diskutieren möchten. Unterschieden werden kann hier grundsätzlich zwischen Lernen auf Basis von Monitoringdaten und Lernen auf der Grundlage von Evaluationsergebnissen.

Monitoringdaten werden regelmäßig gesammelt, entsprechend können hierfür auch regelmäßige Austauschtreffen festgelegt werden. Bei einem regelmäßigen Austausch geht es vor allem darum, die laufende Arbeit

Die Wirkungslogik und deren Umsetzung hinterfragen

gute Planung ↑

Die Wirkungslogik erklärt gut, wie die gewünschte Wirkung erreicht wird. Das Projekt wird nicht wie geplant umgesetzt. Die Resultate weichen von den Zielen ab.

Es müssen operative Verbesserungsmaßnahmen eingeleitet werden.

Die Wirkungslogik erklärt gut, wie die gewünschte Wirkung erreicht wird. Das Projekt wird wie geplant umgesetzt und die Ziele erreicht.

Das ist der Idealfall: So weiterführen und Projekt evtl. verbreiten.

Die Wirkungslogik erklärt nur ungenügend, wie die gewünschte Wirkung erreicht wird. Das Projekt wurde nicht wie geplant umgesetzt und die Ziele nicht erreicht.

Das Projekt sollte von Grund auf neu konzipiert werden. Gegebenenfalls sollte das Projekt eingestellt werden.

Die Wirkungslogik erklärt nur ungenügend, wie die gewünschte Wirkung erreicht wird. Obwohl das Projekt wie geplant umgesetzt wurde, weichen die Resultate von den Zielen ab.

Die Wirkungslogik und der Handlungsansatz müssen überdacht werden.

mangelnde Planung ↓

← **mangelnde Umsetzung**   **gute Umsetzung** →

WIRKUNG PLANEN 1

WIRKUNG ANALYSIEREN 2

WIRKUNG VERBESSERN 3

Tipp

Für das kritische Hinterfragen Ihrer Wirkungslogik und deren Umsetzung ist die obige Grafik nützlich:

____

Grafik angelehnt an Zewo (2011: 123)

anhand der vorhandenen Monitoringdaten und wahrgenommenen Erfahrungen zu diskutieren. Dies geschieht vor allem auf Ebene des Projektteams. Konkret bedeutet das, sich regelmäßig damit auseinanderzusetzen, ob das Projekt auf dem vorgesehenen Kurs ist und sich in Richtung angestrebter Wirkungen bewegt, um bei Bedarf frühzeitig gegensteuern zu können. Stellen Sie sich in den regelmäßigen Austauschtreffen unter Bezugnahme auf die Monitoringdaten Fragen wie: Wo haben wir unsere Ziele erreicht beziehungsweise nicht erreicht und warum? Inwieweit weichen wir von unseren geplanten Ergebnissen ab? An welchen Stellen müssen wir uns (zum Beispiel durch eine Evaluation) die Ergebnisse genauer anschauen und die Ursachen für die Ergebnisse finden?

Evaluationen finden in größeren Abständen statt, sodass Lern- und Austauschtreffen hier anlassbezogen durchgeführt werden. Eine Evaluation setzt sich mit Ursachen und Zusammenhängen von Entwicklungen auseinander. Damit ermöglichen Evaluationen auch tiefergehende Diskussionen und Lernprozesse. Kurz gesagt: Beim Lernen aus

Evaluationsergebnissen beschäftigen Sie sich nicht nur damit, ob Ihre Aktivitäten im Plan sind, sondern stärker auch mit dem Plan selbst. Es können Schlussfolgerungen und Handlungsempfehlungen für die künftige Ausrichtung der Arbeit besprochen und auch die Wirkungsziele und die Wirkungsanalyse selbst in den Fokus genommen werden: Müssen etwa auf Basis der Schlussfolgerungen Ziele neu definiert und die Richtung der Arbeit neu austariert werden? Hat sich die Wirkungsanalyse als praktikabel erwiesen und haben Sie dadurch die Erkenntnisse gewonnen, die Sie wollten? Ein Austausch und Lernen aus den Evaluationsergebnissen sollte dann realisiert werden, wenn die Ergebnisse zusammengestellt und ausgewertet sind. Eine gute Diskussionsgrundlage kann beispielsweise ein Berichtsentwurf sein, der nach dem Austauschtreffen finalisiert wird. Mögliche Fragen, denen Sie gemeinsam nachgehen können, sind zum Beispiel: Was waren die größten Erfolge? Gab es Fehler oder verpasste Chancen? Wo sollten Aktivitäten angepasst werden? Können Best Practices identifiziert werden? Und auch: Funktioniert die Wirkungslogik in der Praxis?

Tipps für Lernveranstaltungen

- Planen Sie Lernveranstaltungen fest ein, zum Beispiel mit einem „Lernkalender", in den Sie die verschiedenen Austauschformate fest eintragen.

- Formulieren Sie im Vorfeld eine Agenda und ein Ziel für das Treffen.

- Machen Sie die Teilnahme verpflichtend und schaffen Sie dafür Freiräume.

- Fokussieren Sie im Treffen auf Problemlösen und Lernen für die Zukunft und nicht auf die rückwirkende Suche nach Verantwortlichkeiten für Fehler.

- Treffen Sie gemeinsame Entscheidungen und formulieren Sie Handlungsschritte. Hilfreich sind hier die Fragen, die wir Ihnen im Rahmen des „Action Learning Cycles" vorstellen (→ S.107)

- Halten Sie Entscheidungen und „lessons learned" fest und machen Sie diese zugänglich.

- Greifen Sie diese bei Ihrem nächsten Treffen wieder auf und besprechen Sie den Stand der Umsetzung.

- Und, nicht vergessen: Nutzen Sie den gemeinsamen Austausch auch, um Erfolge zu feiern!

Projektbeispiel PAFF: In den regelmäßigen Treffen zur Analyse der Monitoring-Ergebnisse werden die aktuellen Monitoringdaten angeschaut, besprochen, mit den Erfahrungen abgeglichen und versucht, Rückschlüsse daraus zu ziehen. Es zeichnet sich ab, dass die Zufriedenheit der Jugendlichen mit der Patenschaft tendenziell eher abnimmt, die Monitoringdaten zeigen aber auch, dass es mehr Anfragen nach Patenschaften gibt. Einige Paten geben an, dass sie Probetermine von zusätzlichen interessierten Jugendlichen angenommen haben und dies zu einer zeitlichen Überforderung geführt hat. Es wird gemeinsam überlegt, wie die Situation verbessert werden kann, und beschlossen, dass eine Strategie zur Gewinnung neuer Paten ein sinnvoller Weg ist, um der wachsenden Nachfrage zu begegnen.

Muss sie weiterentwickelt werden? Sind die Wirkungsannahmen, die dem Projekt zugrunde liegen, richtig?

Das regelmäßige Reflektieren von und das Lernen aus den Monitoringdaten ist vor allem für das Projektteam und seine laufende Arbeit relevant. Wo dies sinnvoll ist, sollten hier auch weitere Stakeholder einbezogen werden. Vor allem aber bei der Auseinandersetzung mit Evaluationsergebnissen sollten die relevanten Stakeholder beteiligt sein. Zum einen bringen die Stakeholder verschiedene Erfahrungen und Sichtweisen ein, was den Lernprozess qualitativ verbessert. Zum anderen müssen die Stakeholder auch die auf Grundlage des Lernprozesses eingeleiteten Veränderungen mittragen und zum Teil mitfinanzieren und sollten daher in den Entscheidungsprozess einbezogen werden.

8.3 LERNEN VON UND MIT ANDEREN ORGANISATIONEN

Monitoring und Evaluationsergebnisse können nicht nur für das Lernen innerhalb einer Organisation genutzt werden, sondern auch für den lernorientierten Austausch zwischen Organisationen. Gerade für Organisationen, die ähnliche Projektansätze verfolgen oder sich an die gleichen Zielgruppen richten, kann ein Austausch sehr nutzbringend sein. Er kann Ihnen dabei helfen, wesentliche Erfolgs und Qualitätskriterien für Ihre Zielgruppe zu bestätigen oder zu identifizieren, aber auch verdeutlichen, welche Erwartungen und Ziel-

setzungen realistisch sind. Darüber hinaus kann Ihnen der Kontakt zu und Austausch mit anderen Organisationen auch dabei helfen, gemeinsam mögliche Angebotslücken zu identifizieren und daraufhin zielgerichtet zusätzliche Angebote zu entwickeln. Obwohl ein persönlicher Austausch mit anderen Organisationen im Themenfeld die direkteste Art des gemeinsamen Lernen ist,

---

Tipps für das Lernen von und mit anderen Organisationen

- Kennen Sie Ihr Umfeld - und zwar in zweierlei Form: Zum einen sollten Sie Organisationen recherchieren, die sich im selben Themenfeld wie Sie bewegen, zum anderen ist mit Umfeld auch das lokale Umfeld gemeint. Welche Organisationen und Akteure sind hier tätig? Wie ergänzen sich diese oder gibt es Überschneidungen? Eine Umfeldanalyse sollte wie die Bedarfsanalyse bereits in der Planungsphase eines Projekts sowie auch weiterhin in regelmäßigen Abständen durchgeführt werden (→ Kap. 1).

- Um Lernpotenziale zwischen Organisationen zu nutzen, tauschen Sie sich mit anderen Organisationen aus! Meist haben diese ähnliche Fragen und Probleme. Berichten Sie über Ihre Erfahrungen und bitten Sie diese um Feedback. Möglicherweise bietet sich auch eine Kooperation mit einer anderen Organisation an.

- Machen Sie Ihre Wirkungen transparent und werben Sie bei anderen Organisationen um deren Transparenz. Dadurch werden Erfolgs- und Qualitätskriterien sowie Best Practices zugänglich und nachvollziehbar. So kann ein wechselseitiges Lernen im Sektor stattfinden.

ist es auch möglich, „indirekt" von anderen Organisationen zu lernen. Grundlage hierfür ist eine transparente Berichterstattung über Ergebnissen und Erfahrungen (→ Kap. 9).

8.4 GUTE ENTSCHEIDUNGEN TREFFEN

Ein zentraler Nutzen einer lernorientierten Wirkungsanalyse ist es, Ihr Projekt in Richtung Ihrer Wirkungsziele lenken zu können. Wenn Sie während Ihrer Reise feststellen, dass Sie vom Kurs abkommen, warten Sie natürlich nicht, bis Sie an einer anderen Insel anstatt an Ihrem Zielort ankommen, sondern bringen Ihr Schiff schon vorher wieder auf den richtigen Kurs zurück. Vielleicht entscheiden Sie aber aufgrund der aktuellen Wetterlage, dass Sie einen kleinen Umweg fahren. Auf Basis der Informationen, die Ihnen zu diesem Zeitpunkt vorliegen, ändern Sie Ihren Kurs kurzfristig, ohne dabei jedoch Ihr Ziel aus den Augen zu verlieren.

Durch Ihre Wirkungsanalyse bekommen Sie Hinweise, wo Sie im Blick auf Ihre Wirkungsziele stehen, und durch die Auseinandersetzung mit den Ergebnissen aus der Wirkungsanalyse werden informierte und reflektierte Entscheidungen möglich. Der Reflexionsprozess zeigt aber nur dann Wirkung, wenn die Erkenntnisse auch in Handeln übersetzt werden – wenn Verbesserungen also tatsächlich auch implementiert werden! Die Übertragung von Ergebnissen und Erkenntnissen in konkrete Handlungsschritte und Planungen bilden den „Abschluss" des wirkungsorientierten Steuerungskreislaufs. Dies ist aber nicht als „endgültiger" Abschluss zu verstehen: Mit der Anpassung von

Prozessen, Aktivitäten und Zielvorgaben beginnt ein neuer Kreislauf, in dessen Verlauf die Aktivitäten und Ergebnisse wiederum überprüft, reflektiert und angepasst werden. Durch immer wiederkehrendes Planen, Überprüfen und Anpassen kommen Sie Ihren Zielen näher.

Je nach Größe und Ressourcen einer Organisation können „Lenkungsmechanismen" unterschiedlich ausgeprägt sein. Während kleine Organisationen mit geringen Ressourcen möglicherweise nur wesentliche Monitoringdaten sammeln und sich niedrigschwellig im Team über Anpassungen in den Abläufen einigen, reicht die Spanne bis hin zu großen Organisationen, die über ein ausgereiftes internes Controllingsystem und / oder ein Qualitätsmanagementsystem (siehe → S.106) verfügen. Doch ob groß oder klein: Für alle gemeinnützigen Organisationen ist es möglich, ihre Projekte und ihre Organisation auf Basis der Ergebnisse ihrer Wirkungsanalyse zu lenken. Zwar sind die Komplexität und Detailtiefe der Informationen je nach den bestehenden Möglichkeiten der Datenlegung unterschiedlich - in jedem Fall sind aber Entscheidungen auch auf Basis weniger M&E-Informationen reflektierter, als Entscheidungen, die mehr oder weniger „aus dem Bauch heraus" getroffen werden.

Die folgende Checkliste kann Ihnen Anhaltspunkte geben, inwieweit Ihre Organisation eine lernende Organisation ist oder wo sie noch ausbaufähig ist.

Wichtig zu wissen: Lernen und Verbessern gehören zusammen!

Lernen und Verbessern gehören untrennbar zusammen! Denn nichts ist frustrierender, als zu wissen, dass etwas nicht funktioniert, und trotzdem so weiterzumachen wie bisher.

Mehr über den *„Action Learning Cycle"* erfahren Sie auf der folgenden Seite.

Checkliste: Ist Ihre Organisation eine lernende Organisation?

	ja	nein	Bemerkung
In unserer Organisation nehmen wir uns Zeit (auf Grundlage der Erkenntnisse aus der Wirkungsanalyse), über unsere Arbeit und deren Wirkung zu reflektieren und uns offen darüber auszutauschen.			
Unsere Erkenntnisse aus der Wirkungsanalyse nutzen wir, um daraus zu lernen.			
Fehler dürfen bei uns gemacht werden, aber wir nutzen sie als Anlass, um daraus zu lernen.			
Die Organisationsleitung unterstützt Lernen und Lernprozesse, und es werden Anreize für Lernen gesetzt.			
Lernprozesse sind bei uns als feste Bestandteile in die Arbeitsabläufe eingebunden.			
Es gibt feststehende Verantwortlichkeiten und Zuständigkeiten für Lernen und Wissensmanagement.			
Es gibt festgelegte Prozesse, wie Ergebnisse festgehalten werden und Wissen geteilt wird.			
Uns stehen für die Lernprozesse ausreichend Ressourcen zur Verfügung.			
Wir nutzen die Möglichkeit, uns mit anderen Organisationen auszutauschen und voneinander zu lernen.			

Projektbeispiel PAFF:

Bei PAFF findet jährlich ein Strategietreffen auf Leitungsebene statt. Die Basis hierfür sind Auswertungen der Monitoringdaten. Es wird diskutiert, inwieweit die gesetzten Ziele erreicht worden sind und was in Zukunft noch verbessert werden kann. Zu den Treffen werden auch Paten, Teilnehmende und Geldgeber eingeladen, denen die Ergebnisse vorgestellt werden, und es wird mit ihnen über Erfahrungen und Wünsche diskutiert. Im Rahmen des Strategietreffens wird beschlossen, dass es Sinn macht, einen stärkeren Schwerpunkt auf zusätzliche Bewerbungstrainings zu legen und hier entsprechend mehr Angebote zu schaffen.

Exkurs: Qualitätsmanagementsysteme

Qualitätsmanagementsysteme haben wie Evaluationen die Qualitätssicherung und -verbesserung zum Ziel. Sie nehmen dabei aber in den meisten Fällen die gesamte Organisation und ihre Strukturen und Prozesse fortlaufend mit in den Blick. Sie sind Führungsinstrumente, während Evaluationen Daten für Entscheidungen liefern, aber in erster Linie Bewertungssysteme sind. Evaluation ist ein Teilaspekt des Qualitätsmanagements und liefert Informationen, um das Qualitätsmanagement als Führungsaufgabe wahrnehmen zu können.

Nähere Informationen zu Qualitätsmanagementsystemen, die im gemeinnützigen Bereich genutzt werden, finden Sie auf den entsprechenden Webseiten, z.B. *www.efqm.org* oder *www.iso.org* .

1 ACTION (TUN):

Beschreiben Sie das Projekt/die Veranstaltung. Hilfreiche Fragen hierfür sind: Was ist passiert? Wer war beteiligt? Wer hat was getan? Wie haben sich die Leute gefühlt? Welche Wünsche hatten sie?

2 REFLECTION (REFLEKTIEREN):

Denken Sie an das Projekt/die Veranstaltung zurück und reflektieren Sie es. Im Rahmen der Wirkungsanalyse werden hierfür durch Monitoring und Evaluation Informationen erhoben. Hilfreiche Fragen für die Reflexion sind: Warum sind die Dinge so passiert? Was ist die Ursache? Was war hilfreich? Was beeinträchtigend? Welche Erwartungen und Annahmen hatten wir? Haben sich diese bestätigt? Was hat uns überrascht (positiv wie negativ)? Können wir auf andere Erfahrungen zurückgreifen, die uns helfen, unsere Erfahrungen und Eindrücke abzugleichen und einzuordnen?

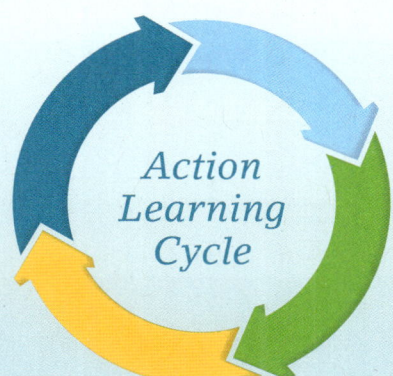

4 PLANNING (PLANEN):

Die Planung ist die Verbindung zwischen dem Lernen und dem, was in Zukunft getan werden soll. Auf der Grundlage der reflektierten Erfahrungen muss überlegt werden, was zu tun ist, um die gesetzten Ziele zu erreichen. Hilfreiche Frage sind hier: Was bedeuten die Ergebnisse aus dem Reflexions- und Lernprozess für unsere Praxis? Was wollen wir tun? Was soll passieren? Was werden wir verändern? Wie werden wir vermeiden, den gleichen Fehler zu wiederholen? Wie integrieren wir diese Erkenntnisse in unseren Projektalltag?

Quelle: vgl. Herrero (2012: 38)

3 LEARNING (LERNEN):

Die Reflexion allein hat noch keinen Einfluss darauf, was in Zukunft getan wird bzw. wie die Dinge umgesetzt werden. Dafür müssen erst Schlussfolgerungen und Learnings erarbeitet werden. Folgende Fragen sind hierfür hilfreich: Was haben wir gelernt? Zu welchen neuen Erkenntnissen sind wir gekommen? Welche Annahmen haben sich bestätigt? Welche neuen Fragen sind aufgetaucht? Was hätten wir im Rückblick anders machen sollen?

Den „Action Learning Cycle" nutzen

Der sogenannte „Action Learning Cycle" ist ein Instrument, das Ihnen eine Reihe von Fragestellungen an die Hand gibt, die Ihnen helfen, Ihre Arbeit zu reflektieren, daraus zu lernen und diese Erkenntnisse in die zukünftige Planung und Arbeit zu integrieren. Der „Action Learning Cycle" eignet sich dabei sowohl für das gesamte Projekt wie auch für seine Bestandteile wie zum Beispiel für einzelne Veranstaltungen. Wenn Sie die Ergebnisse aus diesem Reflexionsprozess verschriftlichen, haben Sie gleichzeitig einen kleinen Bericht über das Projekt oder eine Veranstaltung verfasst und zugleich die Learnings und Planungsschritte festgehalten. Diese Dokumentation könne Sie zu einem späteren Zeitpunkt heranziehen und feststellen, ob die geplanten Schritte / Änderungen umgesetzt wurden.

9. ÜBER WIRKUNG BERICHTEN

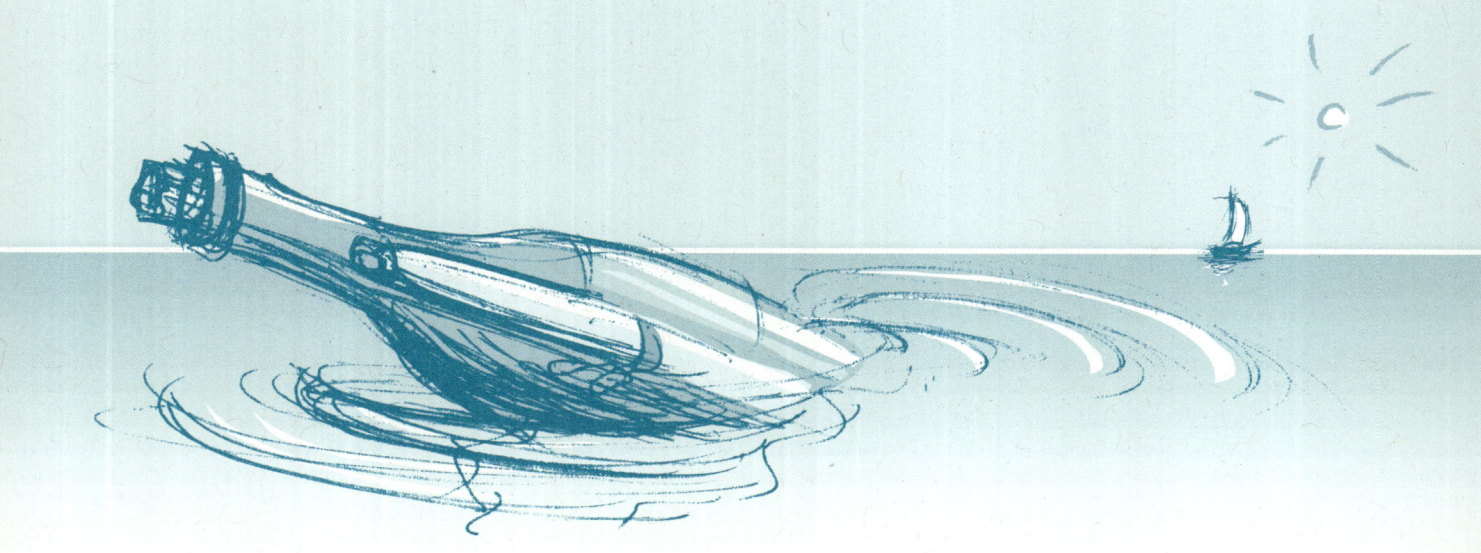

In diesem Kapitel erfahren Sie, …

- welche Fragen Sie sich stellen sollten, um eine effektive Kommunikationsstrategie für Ihr Projekt zu entwickeln.
- auf was Sie beim Erstellen von schriftlichen Projektberichten achten sollten.
- wie Sie zielgerichtet und auf interessante Weise über die Wirkung Ihres Projekts berichten können.

Auf Ihrer Reise haben Sie viel erlebt. Schon während der Reise haben Sie regelmäßig Zwischenberichte nach Hause gesendet. Zurück daheim blicken Sie auf die Reise zurück und berichten davon. Je nachdem, mit wem Sie sprechen, werden sich die Inhalte und die Art, wie Sie berichten, unterscheiden. Während einige Gesprächspartner nur eine knappe Zusammenfassung haben möchten, interessieren sich andere (zum Beispiel Ihre Kollegen) für einen ausführlicheren Bericht. Einige wollen wissen, was es zu essen gab und wie das Wetter war, andere interessieren sich eher für die Route, die Sie gesegelt sind, und ob Sie Ihr Ziel gut erreicht haben. Wiederum andere möchten wissen, ob es unterwegs Schwierigkeiten gab und was Sie auf Ihrer nächsten Reise anders machen würden.

Wie von den Erlebnissen auf Ihrer Reise sollten Sie auch über die Ergebnisse Ihrer Projektarbeit berichten. Dies hilft Ihnen nicht nur, um gemeinsam mit Ihren Stakeholdern daraus lernen und Verbesserungen ableiten zu können, sondern dient auch der Legitimation Ihrer Arbeit sowie der Öffentlichkeitsarbeit.

9.1 EINE KOMMUNIKATIONSSTRATEGIE FÜR DAS PROJEKT ENTWICKELN

Damit Sie effektiv über die Wirkung Ihres Projekts berichten können, benötigen Sie zunächst eine Kommunikationsstrategie. Entwickeln Sie diese frühzeitig, idealerweise

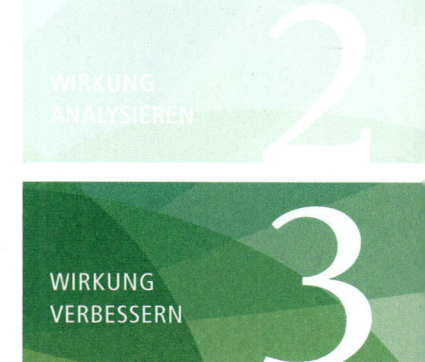

WIRKUNG
PLANEN

1

WIRKUNG
ANALYSIEREN

2

WIRKUNG
VERBESSERN

3

Adressatenanalyse: Wer bekommt welche Informationen und warum?

Die folgenden Fragen helfen Ihnen dabei, Ihre Berichterstattung passgenau zu gestalten:

Situation der Leser/Adressaten:

- Wer sind die Leser/Adressaten und welches Vorwissen haben sie?
- Welche Stellung haben sie in Ihrem Arbeitsfeld (Interne/Externe; Einflussnehmende/Beeinflusste)?
- Welche Funktion haben sie in Bezug auf das Berichtsthema (Entscheider, Kooperationspartner, Zielgruppen)?
- Wie viel Zeit haben sie, um sich mit den Informationen auseinanderzusetzen?
- Welche Ansprüche haben sie an die sprachliche und gestalterische Form?

Interessen der Leser/Adressaten:

- Was erwarten die Leser/Adressaten?
- An welchen Inhalten sind sie besonders interessiert?
- An welchen Ergebnissen sind sie interessiert?
- An welchen Schlussfolgerungen sind sie interessiert?
- Welche Erwartungen haben sie an die Ausführlichkeit der Behandlung der verschiedenen Teilthemen?

Einstellungen der Leser/Adressaten:

- Welche Hoffnungen und Befürchtungen haben die Leser/Adressaten in Bezug auf das Berichtsthema?
- Welche Einstellungen haben sie zum Verfasser des Berichts?
- In welcher Form sind die Ergebnisse für sie selbst relevant (z.B. mehr/weniger Arbeitsbelastung; Einschränkung/Erweiterung ihrer Handlungsmöglichkeiten)?

Quelle: Vgl. BMFSFJ (Hrsg.) (2000: 86).

bereits während der Planungsphase, um zu wissen, welche Ergebnisse Ihres Projekts wann und für wen interessant sind. Für unterschiedliche Adressaten und Zielstellungen brauchen Sie passgenaue Berichtsformen. Sie sollten daher überlegen,

- wem berichtet werden soll;
- welches Ziel Sie mit dem jeweiligen Bericht verfolgen;
- welche Inhalte für die jeweiligen Adressaten relevant und interessant sind;
- wie häufig und zu welchen Anlässen berichtet werden soll;
- welche Berichtsform die geeignete ist.

Adressaten und Zweck der Berichterstattung

Überlegen Sie sich im ersten Schritt, wer die Adressaten Ihrer Berichterstattung sind.

Dies können unterschiedliche Stakeholder sein, wie zum Beispiel Geldgeber, denen Sie verpflichtend berichten müssen, oder die Führungskräfte und Mitarbeiter innerhalb Ihrer Organisation oder auch die „allgemeine Öffentlichkeit" in Ihrem Stadtteil. Überlegen Sie, an welchen Informationen die Zielgruppen Ihrer Berichterstattung interessiert sind und mit welcher Art der Berichterstattung Sie diese am besten erreichen können. Dadurch legen Sie die Grundlage für eine effektive Kommunikation.

Häufigkeit der Berichterstattung

Berücksichtigen Sie bei der Frage von Zeitpunkt und Regelmäßigkeit der Berichterstattung interne und externe Gegebenheiten und Notwendigkeiten. Ein Geldgeber, der von Ihnen einen Bericht verlangt, hat

Liebe Projektmitarbeiter, vielen Dank für Ihre nützlichen Berichte!

internes Berichtswesen

Stakeholder	Ziele der Kommunikation	Relevante Daten und Inhalte	Zeitpunkt und Regelmäßigkeit	Geeignetes Format
internes Berichtswesen				
Vorstand	• Information über laufendes Projekt als Basis zur Entscheidungsfindung und Steuerung • Rechenschaftspflicht • Legitimation • gemeinsames Lernen • Erreichtes feiern	Umfassender Inhalt und Hintergrundinformationen	Zwischendurch, basierend auf Monitoringdaten und anlassbezogen zum Beispiel anlässlich neuer Evaluationsergebnisse, besonderer Ereignisse oder zu Vorstandssitzungen etc.	Schriftlicher Report (evtl. mit Zusammenfassung / Executive Summary für den Vorstand) und mündliche Präsentation zum Beispiel durch das Evaluationsteam oder die Projektverantwortlichen sowie Diskussion der Ergebnisse auf Führungs-, Bereichs- und Teamebene
Führungskräfte/ Management				
Projektmitarbeiter/ Ehrenamtliche				
Externes Berichtswesen				
Geldgeber	• Rechenschaftspflicht • Legitimation • Grundlage zur Einwerbung weiterer Gelder • verdeutlichen, welche Herausforderungen es gibt und wie damit umgegangen wird • Erreichtes feiern		Zwischendurch, basierend auf Monitoringdaten und anlassbezogen zum Beispiel anlässlich neuer Evaluationsergebnisse, besonderer Ereignisse; zum Teil abhängig von den Berichtsanforderungen der Geldgeber	Schriftlicher Report mit Zusammenfassung / Executive Summary bzw. ein Format, das die Interessen und die Anforderungen an die Berichtslegung der Geldgeber berücksichtigt
Zielgruppen	• Glaubwürdigkeit • Rechenschaftspflicht • Legitimation	Inhalt ist auf die Interessen der jeweiligen Zielgruppen zugeschnitten.		Mündliche Präsentation und oder ein zusammenfassendes Dokument mit geeigneten Tabellen, Grafiken und anschaulichen Darstellungen
Kooperations- partner	• Rechenschaftspflicht • Legitimation • verdeutlichen, welche Herausforderungen es gibt und wie damit umgegangen wird • gemeinsames Lernen • Erreichtes feiern			Schriftlicher Report, persönlicher Austausch, Seminare, Konferenzen
Öffentlichkeit	• Rechenschaftspflicht • Legitimation • Interesse generieren			Artikel, Webseite, Social Media, Jahresberichte, Pressemitteilungen

Übersicht zur Planung der Kommunikation von M&E-Ergebnissen

dafür meist Zeiträume und Termine festgelegt. Ein Vorstand, der sich jeweils am Quartalsende trifft, benötigt die für ihn relevanten Ergebnisse zu diesen Zeitpunkten. Vieles hiervon erscheint selbstverständlich, es gilt an dieser Stelle lediglich, sich diese Abläufe zu vergegenwärtigen, da sie Einfluss auf den zeitlichen Rahmen der Datenerhebung und -auswertung haben. Des Weiteren ist zu berücksichtigen, welche Ergebnisse realistisch in welchen Abständen kommuniziert werden können. So lässt sich in der Regel schnell und zeitnah über erbrachte Leistungen (Outputs) berichten, dagegen werden Wirkungen oft erst nach einiger Zeit sichtbar.

Format der Berichte

Die Kommunikationsformate variieren von informellen Berichten via Telefon, Fax, E-Mail, Gesprächen oder dem Austausch in einer Gruppe, bis hin zu formellen Formaten, wie Briefings, Präsentationen oder geschriebenen Reports und Publikationen. Je nach Ziel und Adressaten kann es auch sinnvoll sein, verschiedene Formate zu kombinieren, zum Beispiel einen schriftlichen Bericht mit einer Präsentation zu verbinden oder etwa für die

Öffentlichkeit einen Bericht bereitzustellen und die wesentlichen Ergebnisse in einer Pressemitteilung aufzubereiten.

9.2 BERICHTE SCHREIBEN

Ein schriftlicher Bericht bildet das Kernstück der Berichterstattung. Welche Bestandteile beinhaltet eine transparente Berichterstattung? Wie sollte ein Bericht am besten aufgebaut sein? Worauf sollten Sie beim Schreiben Ihres Projektberichts achten? Im Folgenden bekommen Sie hierfür hilfreiche Tipps.

Transparent über Wirkungen berichten

Um transparent über die Wirkungen Ihres Projekts zu berichten, müssen Sie auf jeden Fall die Resultate Ihres Projekts darstellen. „Wirkungstransparenz" umfasst aber mehr als das: Es geht auch um die Einordnung der erzielten Wirkung in den Gesamtkontext der Wirkungslogik. Denn:

Die Wirkung von Projekten kann erst im Zusammenhang mit den angestrebten Zielen und den durchgeführten Aktivitäten angemessen eingeschätzt werden.

Was möchte das Projekt erreichen?

Darstellung der
- gesellschaftlichen Herausforderungen
- Zielgruppen und ihrer Bedarfe
- Vision und Ziele des Projekts
- Projektstrategie

Was unternimmt das Projekt, um seine Ziele zu erreichen?
- Darstellung des Handlungsansatzes
- Darstellung der Aktivitäten, Angebote und Produkte, die das Projekt erarbeitet

Wirkungs-transparenz

Welche Wirkungen erzielt das Projekt mit seiner Arbeit?
- Darstellung der Wirkungen auf Outcome- und Impact-Ebene

Woran lässt sich die Wirkung erkennen?
- Darstellung der Art und Methode der Wirkungsanalyse

Projektbeispiel PAFF:

Mit den folgenden Formaten erreicht PAFF seine Stakeholder:

Paten:
Patenmails, Intranet

Teilnehmende Jugendliche:
Social Media, Informationen auf den gemeinsamen Treffen

Eltern:
Elternbrief (zweisprachig), Elternabend

Geldgeber:
regelmäßig ein Zweiseiter „PAFF News", individuelle Berichte nach den Wünschen der Geldgeber

Regionale Presse:
regelmäßige, anlassbezogene Pressemitteilungen, Einladungen zu wichtigen Ereignissen

Kooperierende Organisationen:
regelmäßiger persönlicher Austausch

Öffentlichkeit:
Webseite, Presse

WIRKUNG VERBESSERN

Wichtig zu wissen: Transparenz im gemeinnützigen Sektor

Beim Begriff Transparenz im gemeinnützigen Sektor wird zumeist an die Berichterstattung über Organisationsstrukturen und vor allem über Finanzen gegenüber der Öffentlichkeit gedacht. Doch nur ein geringer Teil gemeinnütziger Organisationen veröffentlicht bisher Finanzdaten.

Es gibt bislang hierfür keine (staatlich) festgelegten Verpflichtungen. Mittlerweile gibt es zwar einige Selbstverpflichtungen, diese sind aber nicht verbindlich. Zunehmend wird jedoch gefordert, dass Organisationen ihre Finanzen offenlegen, damit beispielsweise Spender eine Möglichkeit haben, sich darüber zu informieren, wofür die jeweilige Organisation die Spendengelder verwendet. Aber auch für die Öffentlichkeit ist eine Offenlegung von Interesse, denn aufgrund der steuerlichen Begünstigung gemeinnütziger Organisationen sollten Steuerzahler grundsätzlich die Möglichkeit haben, die Finanzdaten, aber auch Informationen zur Wirkung einer Organisation nachvollziehen zu können. Der wichtige Punkt der Wirkungstransparenz wird in der Debatte jedoch sehr häufig vergessen. Für eine transparente und ausgewogene Berichterstattung empfiehlt PHINEO die Veröffentlichung von Informationen zu folgenden Bereichen:

- **Projektarbeit:** Informationen zu den durchgeführten Angeboten und Projekten, Zielen und Zielgruppen, dem zugrunde liegenden Problem, der Wirkungslogik, den Aktivitäten sowie den erbrachten Leistungen (Outputs) und deren Wirkungen (Outcomes und Impacts)

- **Organisationsstruktur:** Informationen zu Vision und Strategie der Organisation, der Mitarbeiter-, Leitungs- und Aufsichtsstruktur

- **Finanzen:** Einnahmen-Ausgabenrechnung, aus der sich Mittelherkunft und Mittelverwendung nachvollziehen lassen, sowie eine Vermögensrechnung

---

Wenn Sie sich näher mit dem Thema Transparenz beschäftigen möchten und wissen wollen, warum Transparenz im gemeinnützigen Sektor nicht nur wünschenswert, sondern auch nützlich ist, können Sie unter *www.phineo.org/transparenz* das Positionspapier Transparenz herunterladen.

Es gibt zum Thema Transparenz in der Zivilgesellschaft verschiedene **Selbstverpflichtungen**. Eine davon ist die Initiative Transparente Zivilgesellschaft von Transparency International. Auf der Website, unter *www.transparency.de/Initiative-Transparente-Zivilg.1612.0.html* finden Sie Erläuterungen und eine Anleitung, welche Inhalte Sie auf Ihrer Website transparent darstellen sollten.

PricewaterhouseCoopers (PWC) schreibt jährlich den **Transparenzpreis** aus. Unter *www.pwc.de/de/engagement/transparenzpreis. jhtml* finden Sie dazu sowie zu den Themen Transparenz und transparente Berichterstattung weitere Informationen.

Der Social Reporting Standard (SRS)

Denken Sie beim Verfassen Ihres Berichts also daran, die Hintergründe Ihres Projekts (Was soll das Projekt erreichen und was unternehmen Sie zur Erreichung dieser Ziele?) sowie die Ergebnisse (Welche Resultate wurden mit den Aktivitäten erzielt und woran lässt sich Wirkung erkennen?) und die Schlussfolgerungen daraus zu erläutern, und bauen Sie den Bericht entsprechend auf.

Eine geeignete Struktur und Vorlage für transparente Berichterstattung bildet der *Social Reporting Standard (SRS)*. Diesen können Sie sowohl für die Berichterstattung für Ihr Projekt als auch als Grundlage für den Jahresbericht Ihrer Organisation verwenden.

Informationen verständlich und interessant aufbereiten

Nicht nur der Aufbau Ihres Berichts ist wichtig, sondern auch die Aufbereitung der Informationen, die Präsentation Ihrer Daten und die Qualität des Textes. Denn wenn der Text nicht verständlich ist oder die Leser ihn als zu lang oder zu kompliziert empfinden, ist die Wahrscheinlichkeit hoch, dass er gar nicht gelesen wird. In der Regel geht es in einem Bericht nicht darum, alle erhobenen Daten ausführlich dazustellen. Wenn Sie auch ausführlichere Informationen darstellen möchten, eignet sich hierfür ein Anhang am Ende des Berichts. Achten Sie auf verständliche Formulierungen und fassen Sie die Ergebnisse sinnvoll zusammen. Vermeiden Sie lange Sätze und Fachjargon sowie zu viele Statistiken und heben Sie wichtige Punkte hervor. Versuchen Sie die Daten zu visualisieren und Grafiken oder Diagramme zu nutzen, um die Informationen anschaulich darzustellen. Versetzen Sie sich bei der Erstellung eines

Der Social Reporting Standard (SRS)

1 WIRKUNG PLANEN

2 WIRKUNG ANALYSIEREN

3 WIRKUNG VERBESSERN

Warum ist der SRS empfehlenswert?

Der SRS bietet einen Rahmen für die Berichterstattung von sozialen Projekten. Der Standard hilft insbesondere dabei, die Wirkungslogik von Programmen zu dokumentieren und zu kommunizieren. Darüber hinaus werden weitere wesentliche Elemente der Berichterstattung wie Organisationsstruktur und Finanzen systematisch erfasst und aufbereitet, sodass bei Anwendung des SRS ein umfassendes Bild über die berichtende Organisation entsteht. Anwender des SRS können ihre Wirkung klarer gegenüber Unterstützern nachweisen und somit überzeugender Fördermittel einwerben.

▶ Mit einem Bericht nach SRS haben Sie einen klaren Vorteil bei Geldgebern und Förderern, da der SRS-Bericht viele Fragen möglicher Förderer proaktiv beantwortet.

Die genaue Dokumentation der Wirkungslogik hilft auch bei der internen Steuerung, da bei der Anwendung des SRS viele Fragen zur Wirkung von Aktivitäten überdacht werden. Der SRS ist außerdem eine effektive Grundlage für eine transparente Darstellung nach außen. Mittels des SRS können Sie Ihre Dokumentation über verschiedene Jahre hinweg vergleichen (Vergleichbarkeit) und haben deutlich weniger Aufwand (Effizienz), wenn Sie sich bei verschiedenen Förderorganisationen bewerben oder an diese berichten.

Mit dem SRS können Sie über einzelne oder mehrere Projekte, aber auch über Ihre gesamte Organisation berichten. Der Berichtsstandard gliedert sich in fünf Teile:

A: Gegenstand des Berichts

- Überblick und Abgrenzung, worüber berichtet wird und wer die Ansprechpartner sind.

B: Ihr Angebot und dessen Wirkung

- Das gesellschaftliche Problem und der Lösungsansatz: Darstellung des Themenfelds, des gesellschaftlichen Problems, der Ursachenanalyse und des Lösungsansatzes.
- Gesellschaftliche Wirkung: Eingesetzte Ressourcen, Leistungen und gesellschaftliche Wirkungen.
- Weitere Planung und Ausblick: Ziele für die nächsten Jahre, wesentliche Chancen und Risiken und ein Ausblick auf die weitere Entwicklung.

C: Organisationsstruktur

- Überblick über die beteiligten Organisationen und die wichtigsten handelnden Personen.

D: Profile der beteiligten Organisationen

- Detaillierte Darstellung der beteiligten Organisationen (rechtliche Struktur, Anzahl der Mitarbeiter).

E: Finanzen

- Darstellung der Vermögenssituation sowie der Einnahmen und Ausgaben Ihrer Organisation. In diesem Teil können Sie Ihre vorhandene Finanzberichterstattung integrieren oder die vorgeschlagenen Muster verwenden.

Aktuelle Informationen zum Leitfaden sowie Anwenderbeispiele und eine Berichtsvorlage, in der Sie die Inhalte Ihres sozialen Projekts direkt einfügen können, finden Sie unter: *www.social-reporting-standard.de*

Der SRS ist ein *Gemeinschaftsprojekt* von: PHINEO aAG, Ashoka Deutschland gGmbH, Auridis GmbH, BonVenture Management GmbH, Schwab Foundation, Technische Universität München, Universität Hamburg mit Unterstützung von PricewaterhouseCoopers, der Vodafone Stiftung sowie des Bundesministeriums für Familie, Senioren, Frauen und Jugend (BMFSFJ).

Visualisierung von Resultaten

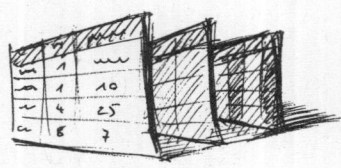

Tabellen

eignen sich gut, um quantitative Daten nach Kategorien geordnet darzustellen

  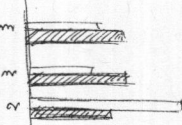

Balkendiagramme

eignen sich gut, um Verteilungen nach Kategorien darzustellen

 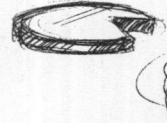 

Kuchendiagramme

eignen sich gut, um die Verteilung innerhalb eines Indikators darzustellen

 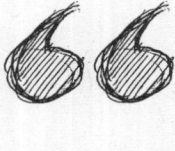

Zitate

„PAFF HAT MIR GEHOLFEN, EINE LEHRSTELLE ZU FINDEN, UND MEIN PATE HAT MICH IMMER UNTERSTÜTZT."

Fast Facts

Kernfakten kurz und knackig dargestellt, z.B. ein Prozentwert prominent aufgeführt und ein zwei Sätze dazu

Storys / Fallstudien

„Seit Denis einen Paten bei PAFF hat, hat sich vieles zum Positiven verändert: ..."

Berichts in Ihre Leser hinein: Wie können Sie Ihre Arbeit und das, was Sie erreicht haben, für Außenstehende verständlich darstellen? Wie kann man den Bericht interessant und abwechslungsreich gestalten? Versuchen Sie eine gute Balance zwischen „Fakten und Unterhaltung" sowie zwischen „Herz und Verstand" zu bieten. Hierfür kommen verschiedene Instrumente und Darstellungsformen in Betracht. Neben der ansprechenden Aufbereitung Ihrer Ergebnisse in Grafiken und Diagrammen können Sie auch positive Rückmeldungen der Zielgruppen integrieren. Emotional ansprechend wirken auch „Erfolgsstorys" der Zielgruppen. Hier können Sie zum Beispiel aus Sicht eines Teilnehmers Ihres Projekts darstellen, wie ihm das Projekt geholfen hat. Arbeiten Sie auch mit Bildern und Fotos, um Ihre Arbeit anschaulich darzustellen.

Informationen veröffentlichen

• Wenn Sie Ihren Projektbericht geschrieben haben, machen Sie ihn Ihren Stakeholdern zugänglich.

• Stellen Sie Ihren Bericht oder die Ergebnisse daraus auch auf Ihrer Website bereit, damit Interessierte so leicht wie möglich an die Informationen gelangen können.

• Sofern Ihre Organisation einen schriftlichen Jahresbericht verfasst, sollten die Resultate der Arbeit des Projekts auch hier einen Platz finden. Der Jahresbericht sollte ebenfalls auf der Website verfügbar sein und transparent über die Projektarbeit, deren Wirkungen, die Organisationsstrukturen und die Finanzen berichten.

Checkliste: Kriterien für gute Berichte

Unsere Berichte sind...	Erklärung	ja	nein	Bemerkung
RELEVANT UND BRAUCHBAR	Berichte sollen einem bestimmten Zweck dienen. Die Informationen sollten deshalb für die verschiedenen Stakeholder bedarfsgerecht aufbereitet werden.			
RECHTZEITIG	Berichte sollten rechtzeitig für ihren jeweils intendierten Nutzen erscheinen. Zu spät oder zu unregelmäßig kommunizierte Ergebnisse sind nur wenig nützlich.			
VOLLSTÄNDIG	Berichte sollten eine ausreichende Menge an Informationen enthalten. Dabei sollte gleichzeitig eine „Informationsflut" vermieden werden.			
WAHR	Für die Resultate sollten nachvollziehbare Belege erbracht werden. Diese können von Anekdoten und einzelnen Feedbacks bis hin zu Wirkungsnachweisen durch eine externe Evaluation variieren.			
EINFACH UND BENUTZER-FREUNDLICH	Berichte sollten für ihr jeweiliges Zielpublikum angepasst sein. Sprache und Format müssen klar, präzise und leicht verständlich sein.			
KONSISTENT	Es sollte darauf geachtet werden, einheitliche Formate und Gliederungen zu nutzen, die (z.B. im Jahresbericht) einen Vergleich über die Zeit ermöglichen.			
KOSTENEFFIZIENT	Die für die Berichterstattung eingesetzten Ressourcen sollten in einem angemessenen Verhältnis zu dem erwarteten Nutzen stehen.			
TRANSPARENT	Die Berichterstattung sollte den Stakeholdern zugänglich gemacht werden und auf der Webseite für Interessierte zur Verfügung stehen.			

10. (NOCH) WEITER WIRKEN – WIRKUNG VERBREITEN

Mehr Informationen zum Thema Verbreitung

Das Thema „Strategien und Erfolgsfaktoren für die Verbreitung wirkungsvoller Projekte" ist sehr umfangreich und kann im Kursbuch nur in einem knappen Überblick dargestellt werden. Detaillierte Informationen finden Sie in: *Bertelsmann Stiftung* (Hrsg.): „Skalierung sozialer Wirkung. Handbuch zu Strategien und Erfolgsfaktoren von Sozialunternehmen", Gütersloh 2013.

Buch und Leseprobe:
http://www.bertelsmann-stiftung.de/cps/rde/xchg/bst/hs.xsl/publikationen_115755.htm

In diesem Kapitel erfahren Sie, …

- **welche Vorteile die Verbreitung wirkungsvoller Projekte hat.**
- **woran erkennbar ist, dass sich ein Projekt für die Verbreitung eignet.**
- **welche Möglichkeiten der Verbreitung es gibt.**
- **welche Rolle die Wirkungsanalyse bei der Verbreitung spielt.**

Beflügelt von der erfolgreichen Seereise überlegen Sie nach Ihrer Rückkehr, wie Sie noch mehr Passagiere erreichen und an ihr Ziel bringen können. Sie möchten gerne mehr Reisen durchführen, weitere Häfen ansteuern und zusätzliche Reiseziele anbieten. Sie denken darüber nach, Ihre Flotte zu erweitern und Ihre Mannschaft zu vergrößern, und suchen nach Möglichkeiten, wie Sie dies umsetzen und finanzieren können.
Wenn Sie bei Ihrer Projektarbeit mit Hilfe der Wirkungsanalyse festgestellt haben, dass Ihr Projekt die angestrebten Wirkungen erzielt,

kann eine Verbreitung (in der Literatur wird häufig auch der Begriff Skalierung genutzt) des Projekts in andere Regionen dazu beitragen, mehr Menschen zu erreichen und dadurch letztlich mehr Wirkung zu erzielen. Auf diese Weise können gesellschaftliche Herausforderungen auf breiterer Basis gelöst werden, als wenn wirksame Projekte nur an einem Ort ihre Wirkung entfalten und das Rad immer wieder neu erfunden werden muss.

10.1 KRITERIEN FÜR DIE VERBREITUNG VON PROJEKTEN

Wirksame Projekte in andere Regionen zu übertragen, kann für Ihre Organisation ein sinnvolles Ziel sein. Dabei ist die Verbreitung kein Selbstzweck. Drei wesentliche Fragen sollten Sie sich stellen: Gibt es auch an anderen Orten Bedarf für unser Projekt? Haben wir die Bereitschaft und Voraussetzungen unser Projekt zu verbreiten? Und letztlich: Ist unser Projekt in andere Regionen übertragbar? (→ Checkliste S. 119)

Wichtig zu wissen:
Drei gute Gründe für die Verbreitung wirkungsvoller Projekte

WIRKUNG
VERBESSERN

1. Mehr Wirkung für die Zielgruppe(n) erreichen

Für viele gesellschaftliche Probleme gibt es bereits erfolgreiche Lösungsansätze. Statt „das Rad immer wieder neu zu erfinden" ist es sinnvoll, Projektkonzepte, die sich bereits als wirkungsvoll erwiesen haben, auch an anderen Orten umzusetzen. Dadurch können möglichst viele Personen mit einem bewährten Konzept erreicht werden, womit die Grundlage für eine möglichst hohe Wirkung gelegt ist.

2. Gemeinsam mehr erreichen

Die für die Lösung gesellschaftlicher Probleme zur Verfügung stehenden Mittel sind an vielen Stellen knapp. Das heißt, die vorhandenen Ressourcen sollten so effizient und effektiv wie möglich eingesetzt werden. Durch die Übernahme bewährter Ansätze sparen sich Organisationen Kosten für die Projektentwicklung und für Fehler und Umwege, die bei der Neuentwicklung von Projekten entstehen können.

3. Gemeinsames Lernen im Netzwerk

Bei der Verbreitung wirkungsvoller Projekte werden Best-Practice-Ansätze gemeinsam mit Partnern an mehreren Orten umgesetzt und können durch Austausch und gemeinsames Lernen noch weiterentwickelt werden. Im Interesse der Zielgruppe(n) sollten gemeinnützige Organisationen an einem Strang ziehen und eine Kultur des Austauschs fördern und pflegen.

Die letzte Frage betrifft vor allem das Projekt selbst. Denn nicht jedes Projekt eignet sich für eine Verbreitung. Entscheidend ist hierfür, dass Sie sich über die Wirkungslogik Ihres Projektes im Klaren sind. Was ist das Problem, das ich lösen möchte? Wie löse ich das Problem für die Zielgruppe? Und schließlich: Womit kann ich nachweisen, dass mein Projekt auch andernorts erfolgreich und wirksam sein kann?

Die erarbeitete Wirkungslogik bildet somit ein Grundgerüst, wie das Projekt auch in anderen Regionen umgesetzt werden muss, um mit oder ohne Ihre Hilfe auch dort erfolgreich zu sein. Die Umstände und Bedingungen können in anderen Regionen deutlich von der Situation bei Ihnen vor Ort abweichen. Insofern sollten Sie sich darüber im Klaren sein, welche Qualitätsstandards unabdingbar und welche anpassbar sind, um den Erfolg zu gewährleisten. Im Allgemeinen gilt, je einfacher und standardisierter ein Projekt ist, desto eher eignet es sich für eine Verbreitung.

Ist die Frage nach der Verbreitungsfähigkeit positiv beantwortet, gilt es, aus den verschiedenen Methoden, Projekte zu verbreiten, die passende auszuwählen.

10.2 VERBREITUNGS- METHODEN

Wenn es darum geht, möglichst viele Menschen mit einem wirksamen Projekt zu erreichen, können unterschiedliche Wege zum Ziel führen: Die einfachste Form der Verbreitung ist sicherlich, dass Wissen beispielsweise durch ein Handbuch im Internet weiterzugeben. Gleichwohl können Sie auch mit Kooperationsverträgen das Projekt an andere Partner weitergeben oder Sie beschließen, das Projekt in Eigenregie in anderen Regionen zu etablieren.

Links zum Thema

Viele nützliche Informationen und Artikel rund um das Thema „Projekttransfer" finden Sie auf dem Portal *www.opentransfer.de* der Stiftung Bürgermut.

Im gemeinsamen Projekt Effekt[n] hat der Bundesverband Deutscher Stiftungen und die Bertelsmann Stiftung mehrere Broschüren rund um das Thema Projekttransfer veröffentlicht (Finanzierung, Rechtliche Grundlagen, Qualitätskontrolle).

Link:
www.stiftungen.org/de/ projekte/projekttransfer/ veroeffentlichungen.html

Die Vier-Felder-Matrix der Strategietypen[1]

Bin ich bereit, meinen Ansatz zu teilen und Kontrolle abzugeben?

ja

Kontrolle und Partner

Wissens-transfer

Kooperation mit Verträgen

Kapazität in einer Region erweitern

Strategische Ausdehnung

nein

niedrig   Transferkosten   hoch

Wie viel bin ich bereit, in die Verbreitung zu investieren?

[1] Quelle: In Anlehnung an: Bertelsmann Stiftung (Hrsg.): „Skalierung sozialer Wirkung. Handbuch zu Strategien und Erfolgsfaktoren von Sozialunternehmen", Gütersloh, 2013, S. 23.

Zwei wichtige Fragen können Ihnen dabei helfen, die richtige Strategie für Ihre Organisation zu wählen:

1. Bin ich bereit, meinen Ansatz mit anderen zu teilen und damit auch notwendigerweise Kontrolle abzugeben? Oder ist es für meine Organisation wesentlich, selbst die uneingeschränkte Kontrolle über den Projektansatz und dessen Umsetzung zu behalten?

2. Wie viel Zeit und Geld bin ich bereit, für die Verbreitung des Projektes zu investieren? Jeder Projekttransfer hat seine Kosten: Ein Handbuch muss geschrieben, neue Partner müssen gefunden und überzeugt werden und oft müssen Verträge geschlossen und anschließend kontrolliert werden. Auch wenn die Höhe dieser Transferkosten nicht auf Hel-

ler und Pfennig im Voraus berechnet werden können, so ist die Frage wesentlich, ob Sie für den Projekttransfer eher geringe oder hohe Kosten investieren möchten.

Die beiden Fragen ermöglichen es Ihnen, die richtige Strategie für Ihre Organisation in der Matrix links auszuwählen.

Während „Wissenstransfer" und „Kooperation mit Verträgen" insbesondere auf die Weitergabe des Projektes an andere Organisationen zielen, beziehen sich „Kapazitätserweiterung" und „Strategische Ausdehnung" auf die Verbreitung innerhalb einer bestehenden Organisation.

Wissenstransfer

Wenn Sie Ihr Projekt durch „Wissenstransfer" verbreiten möchten, bedeutet dies, dass Sie Ihr Projektkonzept anderen Organisationen frei zur Verfügung stellen, die das Konzept dann eigenverantwortlich in vergleichbarer oder etwas angepasster Form bei sich vor Ort umsetzen. Während Sie als Projektgeber die Projektnehmer am Anfang zum Beispiel durch Informationen, (technische) Unterstützung oder Beratung bei der Implementierung unterstützen, findet später in der Regel weniger Zusammenarbeit statt. Diese Form der Verbreitung ist im gemeinnützigen Sektor relativ stark verbreitet. Sie birgt die geringsten Kosten und ermöglicht eine schnelle Verbreitung und optimale Anpassungsmöglichkeiten des Konzepts an lokale Gegebenheiten. Dafür bietet sie aber kaum Kontrollmöglichkeiten für den Projektgeber.

WIRKUNG
PLANEN

1

WIRKUNG
ANALYSIEREN

2

WIRKUNG
VERBESSERN

3

Leitfragen: Kriterien für die Verbreitungsfähigkeit von Projekten

Um festzustellen, ob sich ein Projekt erfolgreich verbreiten lässt, sind folgende Fragen hilfreich:

Bedarf

Gibt es auch an anderen Orten einen Bedarf für das Projekt und die Bereitschaft, Geld und Zeit in das Projekt zu investieren?

Überzeugung und Bereitschaft

Haben Sie in Ihrer Organisation die Bereitschaft und die notwendige Erfahrung, um Ihr Projekt zu transferieren?

Hat Ihre Organisation die notwendigen personellen und finanziellen Ressourcen für einen Transfer?

Erfolgreiches Modell

Kennen Sie die wichtigsten Faktoren für den Erfolg des Projektes?
Ist Ihr Projektkonzept so „einfach" und standardisierbar, dass es von anderen Personen und in anderen Regionen durchgeführt werden kann?

Können Sie die Wirksamkeit und den Erfolg des Projektes nachweisen, um damit andere zu überzeugen?

Kooperation mit Verträgen

Sie können ein Projekt auch mit Hilfe von Kooperationsverträgen an andere, unabhängige Organisationen weitergeben. Diese setzen das Projekt bei sich vor Ort um, Sie als Projektgeber haben hierbei Kontrollmöglichkeiten, denn in den Verträgen sind Rechte und Pflichten von Projektgeber und -nehmer festgelegt. Beispielsweise können darin die Bereitstellung von Ressourcen und Knowhow durch den Projektgeber oder Berichtspflichten, Lizenzkosten, Bedingungen für die Nutzung von Markenrechten und einzuhaltende Qualitätsstandards für die Projektnehmer geregelt sein. Während der Projektgeber hier stärker gestalten kann, bringt eine Kooperation mit Verträgen gleichzeitig höhere Kosten und standardisierte Abläufe mit sich, und es

Zusammenkommen ist ein Beginn, zusammenbleiben ist ein Fortschritt, zusammenarbeiten ist ein Erfolg."

Henry Ford (*1863 – † 1947)

bestehen weniger Spielräume für lokale Anpassungen als bei der Verbreitungsmethode des offenen Transfers.

Vier Vertragsarten werden für die Weitergabe von Projekten unterschieden: Weitergabe innerhalb von Netzwerkvereinen bzw. –verbänden, Lizenz-, Social-Franchise- oder Joint-Venture-Verträge.

Projektbeispiel:

Der Erfolg des PAFF-Projektes spricht sich herum. Denn erfolgreiche Lösungen gegen Jugendarbeitslosigkeit sind auch anderenorts gefragt. Mehr und mehr Kooperationsanfragen landen im PAFF-Büro. Gemeinsam mit dem Vorstand überlegt die Projektleitung, wie sie mit den Anfragen umgeht. Einerseits möchten sie, dass PAFF in möglichst vielen Regionen eigenständig angeboten wird. Anderseits ist dem Vorstand auch wichtig, die Qualität des Projekts und seiner Umsetzung sicher zustellen.

Mangels Geld und Zeit entscheidet sich der Vorstand dafür, ein Handbuch zu schreiben, um das Wissen weiterzugeben. Anhand der Wirkungsanalyse sind die wichtigsten Erfahrungen und Qualitätsaspekte bereits schriftlich festgehalten.

Gerne hätte man das Projekt auch über Kooperationsverträge weitergegeben. Die hohen Kosten für die Vertragsabwicklung war aber das wichtigste Gegenargument. PAFF wird nun dank des Handbuches an vielen Orten angeboten und hilft damit die Jugendarbeitslosigkeit zu verringern. Einmal im Jahr treffen sich alle Projektnehmer mit dem PAFF-Team, zum Erfahrungsaustausch.

Kapazitäten in einer Region erweitern

Ein Projekt zu verbreiten muss nicht immer bedeuten, dass der Ansatz an andere Organisationen weitergegeben wird. Vielleicht möchten Sie die Wirksamkeit Ihres Projekts in einer Region vergrößern, in der Sie bereits tätig sind, und dadurch mehr Menschen helfen, ohne dabei gleich an eine überregionale Verbreitung zu denken. Dies können Sie erreichen, indem Ihre eigene Organisation regional – in der Regel an einem Standort – wächst oder Sie bestehende Prozesse und Strukturen so optimieren, dass Sie mit der gleichen Menge an Ressourcen mehr Menschen erreichen können. Viele Pilotprojekte beginnen damit, die Wirksamkeit des eigenen Handelns in einer Region zu optimieren und erst danach eine überregionale Verbreitung anzustreben. Die Kontroll- und Gestaltungsmöglichkeiten bei dieser Verbreitungsstrategie sind dabei hoch.

Strategische Ausdehnung

Um mehr Menschen auch in anderen Regionen zu erreichen, können Sie auch Filialen beziehungsweise Büros Ihrer Organisation an anderen Standorten eröffnen. Die Filialen sind nicht unabhängig, sondern rechtlich Teil Ihrer Organisation. Das bedeutet auch, dass Ihre Organisation aus eigener Kraft die Kosten für die Verbreitung aufbringen muss, dafür behält sie aber auch die wesentliche Kontrolle über die Umsetzung, da das Projektkonzept nicht an andere Organisationen weitergegeben wird. Eine strategische Ausdehnung eines Projekts kann auch bedeuten, dass Sie Ihre Aktivitäten auf andere Zielgruppen ausdehnen oder um komplementäre Angebote erweitern.

10.3. WIRKUNGSANALYSE BEI DER VERBREITUNG VON PROJEKTEN

Wirkungsanalyse spielt bei der Verbreitung von Projekten eine wichtige Rolle. Zum einen als Grundlage für die Verbreitung, zum anderen zur laufenden Qualitätssicherung bei den verbreiteten Projekten. Wie nützt Ihnen Ihr M&E-System bei der Verbreitung eines Projekts?

Wirkungsanalyse als Basis für die Verbreitung von Wirkung

Die Wirkungsanalyse zeigt Ihnen, ob das Projekt auch tatsächlich Wirkung erzielt und bei einer Verbreitung auch die Verbreitung der Wirkung zu erwarten ist. Wenn Sie eine Verbreitung Ihres Projekts ins Auge fassen, ist es daher sinnvoll, Ihr Projekt extern evaluieren zu lassen. Evaluationen können Ihnen die Wirksamkeit Ihres Projekts bestätigen, Lücken im Konzept aufzeigen und Anhaltspunkte dafür bieten, welche Anpassungen notwendig sind, damit das Projekt erfolgreich verbreitet werden kann. Klar dargestellte Ergebnisse der Wirkungsanalyse helfen Ihnen auch, andere Personen und Organisationen – vor allem potenzielle Projektnehmer und Geldgeber – von Ihrem Projekt und seiner Verbreitung zu überzeugen. Der „Blick von außen", durch eine externe Evaluation, erhöht die Legitimität und Reputation des Projekts.

Qualität entwickeln und weitertragen

Während der Wirkungsanalyse im Rahmen des Ursprungsprojekts sammeln und dokumentieren Sie Daten, lernen aus ihnen und wissen daher, ob, wie und warum Ihr Projekt wirkt. Dies hilft Ihnen nicht nur, Ihre Zielerreichung zu überprüfen, sondern auch, Erfolgskriterien zu identifizieren und Qualitätskriterien zu entwickeln. Diese Erfolgs- und Qualitätskriterien zu kennen und weiterzutragen ist ein wesentliches Erfolgskriterium für die Verbreitung von Wirkung.

Qualität sichern

Damit ein Partner Ihr Projektkonzept bei sich vor Ort in gleicher Qualität umsetzen kann, benötigt er, vor allem zu Beginn des Projekts, Informationen zum Aufbau und Ablauf des Projekts sowie zu Fragen der Wirkungsanalyse und Qualitätsentwicklung. Die durch die Wirkungsanalyse gewonnenen Erkenntnisse können Sie für die Erstellung von Materialien wie Handbücher oder auch Schulungen für Projektnehmer verwenden. Ist ein Projekt erfolgreich verbreitet, spielt die Wirkungsanalyse weiterhin eine wichtige Rolle bei der Qualitätssicherung. Bei einer vertraglich fundierten Partnerschaft oder bei der Gründung von Filialen wird für das Reporting und die Qualitätssicherung meist ein einheitliches Berichtswesen genutzt, das heißt, dass alle Projektnehmer dem Projektgeber in gleichen Zeitabständen und Berichtsformaten berichten. Bei einer offenen Verbreitung durch Wissenstransfer an unabhängige Organisationen sind die Möglichkeiten hier geringer, da der Austausch zwischen Projektgeber und -nehmer oft kaum über eine anfängliche

Unterstützung hinausgeht. Hier ist es um so wichtiger, die Projektnehmer für das Thema Wirkungsanalyse zu sensibilisieren und ihnen geeignete Materialien und Schulungen für die Umsetzung anzubieten.

Potenziertes Lernen

Die Nutzung von Ergebnissen aus der Wirkungsanalyse zum Lernen ist für die verbreiteten Projekte ebenso wichtig wie für das Ursprungsprojekt. Durch ein einheitliches Berichtswesen wird es beispielsweise möglich, Ergebnisse unterschiedlicher Projektnehmer miteinander zu vergleichen und daraus zu lernen: Was sind entscheidende orts(un)-gebundene Erfolgsfaktoren? Welche Kriterien

> *Wenn Du ein Schiff bauen willst, dann trommle nicht Männer zusammen, um Holz zu beschaffen, Aufgaben zu vergeben und die Arbeit einzuteilen, sondern lehre sie die Sehnsucht nach dem weiten, endlosen Meer.*
>
> Antoine de Saint-Exupery (* 29.6.1900 – † 31.7.1944)

sind entscheidend dafür, dass das Projekt bei einer bestimmten Teilzielgruppe wirkt? Was kann ein Projektnehmer aus dem Erfolg eines anderen lernen? Durch eine Zusammenführung der Ergebnisse wird noch deutlicher, „was wirklich wirkt", und es lassen sich Best Practices identifizieren. Die Erkenntnisse helfen nicht nur den Projektnehmern untereinander, sondern auch dem Projektgeber, der auf dieser Grundlage das Projektkonzept verbessern und weiterentwickeln kann. Es kann ein Lern-Netzwerk entstehen, das durch gemeinsames Lernen und eine laufende Weiterentwicklung und Verbesserung zur Verbreitung von wirkungsvoller Arbeit beiträgt.

ZUM SCHLUSS

Falls Sie nicht zu den Personen gehören, die Bücher von hinten lesen, haben Sie sich an dieser Stelle mehr als 120 Seiten lang mit Texten, Grafiken und Beispielen zum Thema Wirkungsorientierung befasst und dabei eine Reise rund um den wirkungsorientierten Steuerungskreislauf absolviert.

In Teil 1 des Kursbuchs haben Sie erfahren, wie Sie die Wirkung des Projekts bereits während der Projektplanung mitdenken können und wie sich auf der Grundlage einer Bedarfsanalyse die Wirkungsziele und die Wirkungslogik des Projekts erarbeiten lassen. Mit den Wirkungszielen im Blick, müssen Sie während der Projektumsetzung feststellen, ob und inwieweit Ihr Projekt auf dem richtigen Weg ist, um die angestrebten Ziele zu erreichen.

In Teil 2 des Kursbuchs haben Sie daher einen Überblick über die Bandbreite an Möglichkeiten bekommen, um im Rahmen der Wirkungsanalyse Wirkungsnachweise zu erheben, und Sie haben gelernt, wie Sie die erhobenen Daten auswerten können.

In Teil 3 des Kursbuchs haben Sie erfahren, wie Sie die erhobenen Informationen nutzen können. Sie haben Lernen und Verbessern als zentrale Elemente der wirkungsorientierten Projektsteuerung kennengelernt, und Ihnen wurden Ideen vorgestellt, wie Sie die Ergebnisse der Wirkungsanalyse so aufbereiten können, dass Sie die Informationen für Ihre Kommunikation nutzen können.

Am Projektbeispiel PAFF wurde gezeigt, dass Wirkungsorientierung in der alltäglichen Projektarbeit auch für kleinere Projekte ein machbares Unterfangen ist, wenn die Maßnahmen bedarfsgenau konzipiert und eingesetzt werden.

Sie haben also eine weite Reise in Richtung Wirkung gemacht und sind im Hafen angekommen. Aber mit den Erfahrungen, die Sie gesammelt haben, werden Sie bald wieder zu einer neuen Reise aufbrechen, denn mit Abschluss eines wirkungsorientierten Steuerungskreislaufs, eröffnet sich ein neuer Kreislauf, und Sie setzen mit Ihrem Projekt die Reise fort. Wenn Sie sich bis jetzt noch nicht viel mit dem Thema Wirkungsorientierung befasst haben, werden Sie feststellen, dass die erste Reise die schwerste ist. Denn wenn Sie die wirkungsorientierte Projektsteuerung erst einmal in Ihre alltägliche Projektarbeit integriert haben, wird sich der Aufwand gegenüber dem Nutzen, den Sie aus der wirkungsorientierten Projektsteuerung ziehen, verringern.

Egal, ob Sie Wirkungsorientierungs-Neuling sind oder schon Erfahrung in der wirkungsorientierten Projektsteuerung haben und sich im Kursbuch vielleicht nur auf die Abschnitte konzentriert haben, die Sie besonders interessieren: Wir hoffen, dass Ihnen das Kursbuch wertvolle Anregungen und Hilfestellungen für Ihre wirkungsorientierte Projektarbeit gegeben hat und Sie vielleicht auch etwas Spaß bei der Lektüre hatten. Vor allem aber würden wir uns freuen, wenn Sie dieses Praxishandbuch motiviert hat, sich mit dem Thema Wirkungsorientierung zu befassen. Denn wirkungsorientierte Projektarbeit nützt allen: Ihrer Zielgruppe, weil sie das Angebot bekommt, das so gut wie möglich auf ihre Bedarfe zugeschnitten ist, den Projektmitarbeitenden, weil es befriedigend und motivierend ist, zu sehen, dass das Projekt Wirkung entfaltet, den Geldgebern, deren Mittel bestmöglich investiert sind, anderen gemeinnützigen Organisationen, da durch den Austausch über Wirkungsorientierung eine positive Entwicklung im gesamten Sektor angestoßen wird, und im Endeffekt der gesamten Gesellschaft, da durch die wirkungsvolle Arbeit gemeinnütziger Projekte ein Beitrag für eine gerechtere und bessere Gesellschaft geleistet wird.

In diesem Sinne wünschen wir Ihnen viel Erfolg und Freude bei Ihrer wirkungsvollen Arbeit!

GLOSSAR[1]

B Baseline
Information über die Situation der Zielgruppe vor Beginn eines Projekts oder Programms, die als Bezugspunkt für die Bewertung von Fortschritten oder für Vergleiche dienen kann.

Bedarfs- und Umfeldanalyse
Bedarfsanalysen sind die (empirische) Auseinandersetzung mit den gesellschaftlichen Herausforderungen (z.B. Ausmaß, Dringlichkeit), der konkreten Situation vor Ort (z.B. in einem Stadtteil) und den Bedürfnissen und Bedarfen der Mitglieder der Zielgruppe (z.B. Bildungssituation, kulturelle Prägung, familiäres Umfeld). Aus den Erkenntnissen aus der Bedarfsanalyse leiten sich die Anforderungen an Projekte beziehungsweise Programme ab. *Umfeldanalysen* setzen sich mit den Akteuren in der Region und mögliche Schnittstellen, den Akteuren mit ähnlichen Zielen und Zielgruppen, den Akteuren, deren Konzept man sinnvoll auf die eigene Region übertragen kann und den Akteuren mit ähnlichen Projekten, von deren Konzepten man lernen kann, auseinander. Ziele einer Umfeldanalyse können sein: Dopplungen bei dem Angebot von Projekten zu vermeiden, eigene Angebote mit denen anderer Organisationen abzustimmen und sinnvolle Kooperationen einzugehen.

Benchmark
Bezugspunkt oder Vergleichsmaßstab, an dem Leistungen oder Ergebnisse gemessen werden können. Als Benchmark dienen die Leistungen anderer vergleichbarer Organisationen in der jüngeren Vergangenheit oder die Leistungen, die man unter den gegebenen Umständen realistischerweise hätte erwarten können.

Effektivität (Wirksamkeit)
Ausmaß, in dem die Wirkungsziele eines Projekts erreicht worden sind oder voraussichtlich erreicht werden. Der Begriff wird auch als Gesamtmessgröße (oder Beurteilung) des Nutzens oder Wertes eines Projekts verwendet, d.h. des Ausmaßes, in dem ein Projekt seine Ziele erreicht hat oder voraussichtlich erreichen wird.

E Effizienz (auch: Wirtschaftlichkeit, Kosten-Nutzen)
Ein Maß dafür, wie gut Inputs (Ressourcen) wie zum Beispiel Finanzmittel, Fachwissen, Zeit usw. eines Projekts in Ergebnisse im Sinne von Outputs (Leistungen) umgewandelt werden.

Evaluation
Systematische und objektive Beurteilung eines laufenden oder abgeschlossenen Projekts oder Programms sowie dessen Umsetzung und Ergebnisse. Ziele von Evaluationen können u.a. sein, die Relevanz und Verwirklichung von Zielen zu ermitteln sowie ihre Effizienz für die Entwicklung, ihre Wirksamkeit, längerfristige Wirkung und Nachhaltigkeit zu bestimmen. Eine Evaluation sollte glaubwürdige und nützliche Informationen liefern, die die Einbeziehung gewonnener Erkenntnisse in die Projektsteuerung ermöglichen.

I Impact (Wirkungen auf gesellschaftlicher Ebene)
Während sich bei den Outcomes die Wirkungen auf die Zielgruppe(n) des Projekts beziehen, beschreiben die Impacts die erwünschten Veränderungen auf gesellschaftlicher Ebene. Dies sind zum Beispiel Veränderungen der sozialen oder ökonomischen Situation der Gesellschaft. Da der Bezug auf die „Gesamtgesellschaft" hier in den meisten Fällen weder sinnvoll noch möglich ist, beziehen sich die Impacts meist auf einen Teil der Gesellschaft zum Beispiel die Bevölkerung in einem Stadtteil oder einer Region.

Indikator
Anzeiger (von lat. indicare – auf etwas zeigen / etwas zeigen) bzw. grundsätzlich unvollständiger Anhaltspunkt für das Vorhandensein eines Sachverhalts, dessen Vorliegen nicht unmittelbar beobachtbar ist. Indikatoren sind unverzichtbar für das Messen komplexer Sachverhalte im Rahmen von Monitoring und Evaluation.

Inputs (Ressourcen)
Finanzielle, personelle und materielle Ressourcen, die für ein Projekt eingesetzt werden.

L Logisches Modell (Logic Model)
→ Wirkungslogik

M Methoden der Datenerhebung
Methoden, die im Rahmen von Monitoring und Evaluation zur Erhebung von Daten eingesetzt werden. Beispiele hierfür sind schriftliche und mündliche Befragungen, Beobachtungen, das Einholen von Expertenmeinungen, Fallstudien, das Sammeln von Anekdoten oder die Auswertung von Dokumenten.

Monitoring
Kontinuierlicher Prozess der systematischen Datensammlung während des Projektverlaufs, mit dem Ziel, aktuelle Informationen für die Steuerung des Projekts zu haben. Dabei werden vor allem Indikatoren zu den erzielten Fortschritten, den erreichten Zielen sowie über die Verwendung bereitgestellter Mittel erhoben.

O Outputs (Leistungen)
Die Outputs (Leistungen) umfassen die Angebote und Produkte eines Projekts, also das, was ein Pro-

jekt tut beziehungsweise anbietet, sowie die Nutzung der Leistungen durch die Zielgruppe. Die Outputs bilden die Grundlage dafür, dass das Projekt Wirkung erzielen kann.

Outcome (Wirkungen auf Ebene der Zielgruppe)

Outcomes sind die Wirkungen des Projekts auf Ebene der Zielgruppe(n) und bilden den zentralen Bestandteil der Wirkungslogik. Sie verdeutlichen, auf welche positiven Veränderungen bei den am Projekt Teilnehmenden das Projekt abzielt. Die Outcomes untergliedern sich dabei in drei Stufen (Stufen 4-6 in der Wirkungslogik): die Veränderungen im Wissen, den Einstellungen und in den Fähigkeiten (Stufe 4); im Verhalten (Stufe 5) oder in der Lebenslage/dem Status der Zielpersonen (Stufe 6).

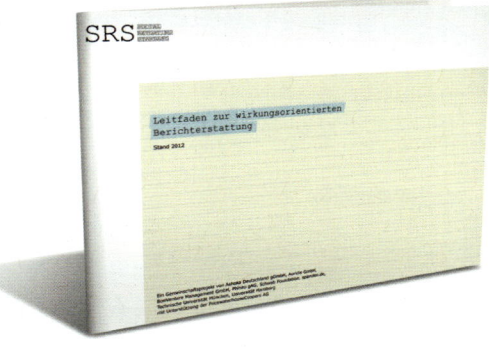

S Social Reporting Standard (SRS)

Der SRS bietet einen Rahmen für die Berichterstattung für Organisationen und Projekte. Er hilft insbesondere dabei, die Wirkungskette der Projekte/Angebote zu dokumentieren und zu kommunizieren. Darüber hinaus werden weitere wesentliche Elemente der Berichterstattung wie die Organisationsstruktur und Finanzen in einem SRS-Bericht systematisch erfasst, sodass bei Anwendung des SRS ein umfassendes Bild über die berichtende Organisation entsteht.

SROI (Social Return on Investment)

Social Return on Investment (auf Deutsch: „Sozialrendite") ist ein Ansatz der Social-Impact-Messung, der sich mit der Bewertung des durch (soziale) Projekte geschaffenen gesellschaftlichen Mehrwerts beschäftigt und der in den letzten Jahren zunehmend nachgefragt, aber auch kritisch diskutiert wird. Bei der SROI-Analyse wird versucht, Projektresultate zu quantifizieren und in monetären Werten auszudrücken.

Stakeholder

Einrichtungen, Organisationen, Gruppen oder Einzelpersonen mit einem direkten oder indirekten Interesse an einem Projekt.

T Theory of Change
→ Wirkungslogik

W Wirkung

Veränderungen, die durch eine bestimmte Intervention verursacht worden sind. Wirkung auf Ebene der Gesellschaft wird als Impact, Wirkungen bei den Zielgruppen werden als Outcomes bezeichnet.

Wirkungsanalyse

Der Begriff „Wirkungsanalyse" kann in einem engeren und in einem weiteren Sinn verwendet werden. *Wirkungsanalyse im engen Sinn* bedeutet, dass die Erhebung der Daten auf die Outcomes und Impacts eines Projekts abzielt. Im Rahmen der wirkungsorientierten Projektsteuerung ist ein weites Verständnis von Wirkungsanalyse sinnvoll. Denn hier ist es wichtig, nicht nur zu fragen, ob ein Projekt wirkt, sondern auch festzustellen, welches die ausschlaggebenden Faktoren sind, die zu den Wirkungen führen. Wirkungsanalyse im hier verwendeten, weiten Sinn umfasst daher neben der Analyse der Wirkungen (Outcomes und Impacts) selbst auch die erbrachten Leistungen des Projekts und deren Qualität. Die Wirkungsanalyse im weiten Sinn hinterfragt auch die Wirkungsannahmen, auf denen das Projekt aufbaut.

Wirkungslogik

Wirkungslogiken gibt es in verschiedenen Varianten und unter verschiedenen Namen. Bekannt sind hier vor allem die Begriffe „Programmlogik", „Theory of Change", „Wirkungsketten" oder „Logische Modelle". Gemeinsam ist ihnen ihre Aufgabe, die Funktionsweise eines Projekts schematisch und in vereinfachter Form abzubilden.

Wirkungsorientierung

Wirkungsorientierung bedeutet, dass ein Projekt darauf ausgelegt ist, Wirkungen zu erzielen, und es entsprechend geplant und umgesetzt wird. Erwünschte Wirkungen werden als konkrete Ziele formuliert, an denen sich die gesamte Arbeit ausrichtet und gesteuert wird.

Z Ziele (Wirkungsziele)

Beabsichtigte Wirkungen eines Projekts, die für Personen, Gruppen, Organisationen oder die Gesellschaft zu physischen, finanziellen, institutionellen, sozialen, ökologischen oder sonstigen Verbesserungen beitragen.

Zielgruppe

Personen, Gruppen oder Organisationen, zu deren Gunsten ein Projekt durchgeführt wird.

Quelle: [1] vgl. OECD Entwicklungsausschuss: „Glossar entwicklungspolitischer Schlüsselbegriffe aus den Bereichen Evaluierung und ergebnisorientiertes Management", Paris 2009 und Univation: „Eval-Wiki: Glossar der Evaluation" Köln 2010, unter: *www.eval-wiki.org/glossar/Eval-Wiki:_Glossar_der_Evaluation*

WEITERFÜHRENDE LITERATURHINWEISE

Allgemeine Einführungen und Überblicke

Beywl, Wolfgang (Hrsg.): „Evaluation Schritt für Schritt: Planung von Evaluationen", Band 20/26 der Reihe Weiterbildung des Heidelberger Instituts für Beruf und Arbeit (hiba), Darmstadt 2007

Herrero, Sonia: „Integrated Monitoring. A Practical Manual for Organisations That Want to Achieve Results", Berlin 2012, unter: www.inprogressweb.com/resources

Shapiro, Janet: „Monitoring and Evaluation", CIVICUS Toolkits, Johannesburg 2001, unter: http://www.civicus.org/new/media/Monitoring%20and%20Evaluation.pdf

Stockmann, Reinhard: „Handbuch zur Evaluation: Eine praktische Handlungsanleitung", Sozialwissenschaftliche Evaluationsforschung, Münster 2007

United Way of America: „Measuring Program Outcomes: A Practical Approach", Arlington 1996, unter: www.liveunited.org/Outcomes/Resources/MPO/

Zum Thema „Bedarfs- und Umfeldanalyse"

Altschuld, James W.: The Needs Assessment Kit, Thousand Oaks 2010

IMAS (International mine action standards): Data collection and needs assessment, Genf 2005, unter: http://www.parkdatabase.org/files/documents/2005_Data-Collection-and-Needs-Assessment_MRE-Best-Practice-Guidebook_IMAS.pdf

Rossi, Peter H./ Lipsey, Mark W./ Freeman, Howard E.: „Evaluation. A Systematic Approach", Seventh Edition, Thousand Oaks 2004, Kapitel 4

Zum Thema „Wirkungsziele setzen"

Bundesministerium für Familie, Senioren, Frauen und Jugend (BMFSFJ): „Zielfindung und Zielklärung – ein Leitfaden", QS Nr. 21, Materialien zur Qualitätssicherung in der Kinder- und Jugendhilfe, Bonn 1999, unter: http://www.bmfsfj.de/BMFSFJ/Service/Publikationen/publikationsliste,did=3238.html

Zum Thema „Wirkungslogik"

Dewson, Sara/ Eccles, Judith et al.: „Guide to Measuring Soft Outcomes and Distance Travelled", The Institute for Employment Studies, Brighton 2000, http://www.dwp.gov.uk/docs/distance.pdf

Innovation Network: „Logic Model Workbook", Washington o.J., unter: http://www.innonet.org/client_docs/File/logic_model_workbook.pdf

University of Wisconsin Extension: „Enhancing Program Performance with Logic Models", Madison 2003. www.uwex.edu/ces/lmcourse/

Zum Thema „Vorbereiten der Wirkungsanalyse"

Preskill, Hallie/ Jones, Natalie: A Practical Guide for Engaging Stakeholders in Developing Evaluation Questions, (Robert Wood Johnson Evaluation Series) , Princeton 2009, unter: http://www.rwjf.org/content/dam/web-assets/2009/01/a-practical-guide-for-engaging-stakeholders-in-developing-evalua

Zum Thema „Indikatoren":

Meyer, Wolfgang Dr.: „Indikatorenentwicklung: Eine praxisorientierte Einführung (2. Auflage)", Centrum für Evaluation, CEval Arbeitspapiere, 10, Saarbrücken 2004

SECO (Hrsg.): Handbuch Indikatorenbildung für die wirtschaftliche Zusammenarbeit mit Entwicklungs- und Transitionsländern, Zürich 2001, unter: www.seco-cooperation.admin.ch/

United Way of America: „Measuring Program Outcomes: A Practical Approach", Arlington 1996, Step 3: Specify Indicators for your Outcomes, S. 59-80

Zum Thema „Daten erheben"

Datenbank mit Informationen zu den verschiedenen Erhebungsmethoden der University of Wisconsin-Extension: http://www.uwex.edu/ces/pdande/evaluation/evaldocs.html

Datenbank zu den verschiedenen Erhebungstools mit Handreichungen und Checklisten von EuropeAid: http://ec.europa.eu/europeaid/evaluation/methodology/index_en.htm

Earl, Sarah/ Carden, Fred/ Smutylo, Terry: „Outcome Mapping: Building Learning and Reflection into Development Programs", Ottawa 2001, unter: www.idrc.ca/en/ev-26586-201-1-DO_TOPIC.html

Keller-Ebert, Cornelia / Kißler, Mechthild / Schobert, Berthold: „Evaluation praktisch! Wirkungen überprüfen, Maßnahmen optimieren, Berichtsqualität verbessern", Heidelberg 2005.

König, Joachim: „Einführung in die Selbstevaluation", Freiburg 2007, 2. Auflage

Konrad, Klaus: „Mündliche und schriftliche Befragung – ein Lehrbuch". Landau 2005

Meyer, Wolfgang: „Datenerhebung: Befragungen – Beobachtungen – Nicht-reaktive Verfahren", in: Handbuch zur Evaluation. Reiner Stockmann (Hg.), Münster 2007, S. 223-277.

Online Umfrage Tools:

http://surveymonkey.com; http://hostedsurvey.com/home.html

Software für die Erstellung von Fragebögen:

http://www.grafstat.de/

Zum Thema „Daten analysieren"

Beywl, Wolfgang (Hrsg.): „Evaluation Schritt für Schritt: Planung von Evaluationen", Band 20/26 der Reihe Weiterbildung des Heidelberger Instituts für Beruf und Arbeit (hiba), Darmstadt 2007, Kapitel 4 (Daten erheben und auswerten.) und 5 (Schlussfolgern und bewerten): S. 47 – 70

The Urban Institute: Analyzing Outcome Information – Getting the most from Data, Washington 2004. unter: http://www.urban.org/UploadedPDF/310973_OutcomeInformation.pdf

Zum Thema „Lernen und Verbessern"

Argyris, Chris/ Schön, Donald A.: „Die lernende Organisation", 3. Auflage, 2008

Bono, Maria Laura: „Performance Management in NPOs. Steuerung im Dienste sozialer Ziele", Baden-Baden 2010

Stockmann, Reinhard: „Qualitätsmanagement und Evaluation", in: ders.: „Evaluation und Qualitätsentwicklung. Eine Grundlage für wirkungsorientiertes Qualitätsmanagement", Sozialwissenschaftliche Evaluationsforschung Band 5, Münster 2006, S. 22-96

Zum Thema „Berichten"

Bundesministerium für Familie, Senioren, Frauen und Jugend (BMFSFJ): „Zielgeführte Evaluation von Programmen – ein Leitfaden", QS Nr. 29, Materialien zur Qualitätssicherung in der Kinder- und Jugendhilfe, Bonn 2000, Kapitel 5. Evaluationsberichte, S. 83-91

SRS Konsortium: Social Reporting Standard, unter: http://www.social-reporting-standard.de/

Torres, Rosalie T./Preskill, Hallie/Piontek, Mary E.: „Evaluation Strategies for Communicating and Reporting. Enhancing Learning in Organizations", 2. Auflage. Thousand Oaks 2005

Zum Thema „Skalierung"

Bertelsmann Stiftung (Hrsg.): „Skalierung sozialer Wirkung. Handbuch zu Strategien und Erfolgsfaktoren von Sozialunternehmen", Gütersloh 2013

Bundesverband Deutscher Stiftungen e.V. (Hrsg.): „Nachmachen – aber richtig! Qualität im Projekttransfer gestalten", Praxisratgeber Effekt hoch n, Berlin 2011, unter: http://www.stiftungen.org/fileadmin/bvds/de/Projekte/Projekttransfer/Nachmachen_aber_richtig_online.pdf

The Social Enterprise Coalition: „The Social Franchising Manual", London 2011, http://www.socialenterprise.org.uk/uploads/editor/files/Publications/Social_Franchising_manual.pdf

Hinweis:
Die weiterführenden Literaturhinweise wurden während der Arbeit an dieser Publikation zusammengestellt und teilweise mit Weblinks angegeben. In der Natur des Internets liegt beständiger Wandel. Wir können dementsprechend keine Garantie dafür übernehmen, daß diese Links auch zukünftig noch verfügbar sind.

HERZLICHEN DANK

Die PHINEO gAG bedankt sich herzlich bei allen Beteiligten, die an der Erarbeitung des Kursbuchs mitgewirkt haben. Dieses Kursbuch wäre ohne ihr kompetentes Feedback nicht in dieser Form möglich gewesen.

Für ihre Teilnahme am Expertenworkshop und den intensiven Austausch danken wir herzlich:

Gerald Labitzke, Bertelsmann Stiftung, Gütersloh

Claudia Leißner, Auridis GmbH, Neuss

Lena-Maria Wörrlein, Fakultät Wirtschafts- und Sozialwissenschaften Universität Hamburg, Hamburg

Für ihr Feedback und die wertvollen Anregungen zum Manuskript danken wir herzlich:

Ina Bisani, Mentoring Ratingen e.V., Ratingen

Dr. Michael Mrva und Peter Ullrich, Nachbarschaftshilfe Taufkirchen e.V., Taufkirchen

Juliane Metzner, Bundesverband Deutscher Stiftungen, Berlin

Kostenfreie Publikationen von PHINEO sowie auch dieses Kursbuch und die dazugehörigen Downloads finden Sie unter *www.phineo.org/publikationen*

LITERATUR-
VERZEICHNIS

Altschuld, James W.: „The Needs Assessment Kit", Thousand Oaks 2010

Argyris, Chris/Schön, Donald A.: „Die lernende Organisation", 3. Auflage, Stuttgart 2008

Beywl, Wolfgang (Hrsg.): „Evaluation Schritt für Schritt: Planung von Evaluationen", Band 20/26 der Reihe Weiterbildung des Heidelberger Instituts für Beruf und Arbeit (hiba), Darmstadt 2007

Bertelsmann Stiftung (Hrsg.): „Skalierung sozialer Wirkung. Handbuch zu Strategien und Erfolgsfaktoren von Sozialunternehmen", Gütersloh 2013

Bono, Maria Laura: „NPO-Controlling – Professionelle Steuerung sozialer Dienstleistungen", Stuttgart 2006.

Bono, Maria Laura: „Performance Management in NPOs. Steuerung im Dienste sozialer Ziele", Baden-Baden 2010

Bundesverband Deutscher Stiftungen e.V. (Hrsg.): „Nachmachen – aber richtig! Qualität im Projekttransfer gestalten", Praxisratgeber Effekt hoch n, Berlin 2011, unter: http://www.stiftungen.org/fileadmin/bvds/de/Projekte/Projekttransfer/Nachmachen_aber_richtig_online.pdf

Bundeskanzleramt Österreich: „Handbuch für Wirkungsorientierte Steuerung. Unser Handeln erzeugt Wirkung", Wien 2011, unter: http://www.bka.gv.at/DocView.axd?CobId=42634

Bundesministerium für Familie, Senioren, Frauen und Jugend (BMFSFJ): „Zielgeführte Evaluation von Programmen – ein Leitfaden", QS Nr. 29, Materialien zur Qualitätssicherung in der Kinder- und Jugendhilfe, Bonn 2000

Bundesministerium für Familie, Senioren, Frauen und Jugend (BMFSFJ): „Leitfaden für Selbstevaluation und Qualitätssicherung", QS Nr. 19, Materialien zur Qualitätssicherung in der Kinder- und Jugendhilfe, Bonn 1998

Bundesministerium für Familie, Senioren, Frauen und Jugend (BMFSFJ): „Zielfindung und Zielklärung – ein Leitfaden", QS Nr. 21, Materialien zur Qualitätssicherung in der Kinder- und Jugendhilfe, Bonn 1999, unter: http://www.bmfsfj.de/BMFSFJ/Service/Publikationen/publikationsliste,did=3238.html

DeGEval- Standards für Evaluation und die Standards für Selbstevaluation: Standards für Evaluation: http://www.degeval.de/degeval-standards, Standards zur Selbstevaluation: http://www.alt.degeval.de/calimero/tools/proxy.php?id=24059

Dewson, Sara/ Eccles, Judith et al.: „Guide to Measuring Soft Outcomes and Distance Travelled", The Institute for Employment Studies, Brighton 2000, http://www.dwp.gov.uk/docs/distance.pdf

Earl, S., Carden, F., and Smutylo, T.: „Outcome Mapping: Building Learning and Reflection into Development Programs", Ottawa 2001, unter: www.idrc.ca/en/ev-26586-201-1-DO_TOPIC.html

European Venture Philanthropy Association: „A Practical Guide to impact Measurement", Brüssel 2013, unter: http://evpa.eu.com/wp-content/uploads/2012/11/EVPA-Full-Manuel-Final-Version_A4.pdf

Grantmakers for Effective Organizations (GEO): Four Essentials for Evaluation, Washington o.J., un-ter: http://geofunders.org/geo-publications/567-four-essentials

Herrero, Sonia: „Integrated Monitoring. A Practical Manual for Organisations That Want to Achieve Results", Berlin 2012, unter: www.inprogressweb.com/resources

Hoelscher, Philipp: „Kredit statt Spende? - Venture Philanthropy als Soziale Investition", in: Forschungsjournal Soziale Bewegung Heft 1/2011, S. 32.

Hornsby, Adrian: „The Good Analyst. Impact Measurement & Analysis in the Social-Purpose Universe", London 2012, unter: www.investingforgood.co.uk/thegoodanalyst

Hurt, Karen: „Writings within your Organisation", CIVICUS Toolkits, South Africa 2003, http://www.civicus.org/new/media/Writings%20within%20your%20organisation.pdf

IMAS (International mine action standards): Data collection and needs assessment, Genf 2005, unter: http://www.parkdatabase.org/files/documents/2005_Data-Collection-and-Needs-Assessment_MRE-Best-Practice-Guidebook_IMAS.pdf

International Group of Controlling: „Wirkungsorientiertes NPO-Controlling", ICG-Arbeitsgruppe 2008

Innovation Network: „Evaluation Plan Workbook", Washington 2006, www.innonet.org

Innovation Network: „Logic Model Workbook", Washington o.J., unter: http://www.innonet.org/client_docs/File/logic_model_workbook.pdf

International Federation of Red Cross and Red Crescent Societies: „Project/programme monitoring and evaluation (M&E) guide", Genf 2011

Jugend für Europa: „Evaluation in der Jugendarbeit Reflektieren – bewerten – lernen" (T-Kit Nr. 10), Bonn 2009, unter: https://www.jugendfuereuropa.de/downloads/4-20-918/T-Kit-10_deutsch.pdf

Keller-Ebert, Cornelia / Kißler, Mechthild / Schobert, Berthold: Evaluation praktisch! Wirkungen überprüfen, Maßnahmen optimieren, Berichtsqualität verbessern, Heidelberg 2005.

King Baudouin Foundation: „Impact. Managing For Learning And Impact", King Baudouin Foundation Project Management Guide, Brüssel 2011, unter: http://docsfiles.com/pdf_managing_for_impact.html

König, Joachim: „Einführung in die Selbstevaluation", Freiburg 2007, 2. Auflage

Konrad, Klaus (2005) „Mündliche und schriftliche Befragung – ein Lehrbuch". Landau: Verlag Empirische Pädagogik.

Lloyd, Richard / O'Sullivan, Fionn: „Measuring Soft Outcomes and Distance Travelled – A Practical Guide", Sheffield oJ, unter: http://www.socialfirmsuk.co.uk/resources/library/measuring-soft-outcomes-and-distance-travelled-practical-guide-and-existing-models

Local Livelihoods: „Results Based Monitoring and Evaluation", Herfordshire 2009, 2. Auflage, unter: http://www.locallivelihoods.com/cmsms/uploads/PDFs/Results%20Based%20Monitoring%20Evaluation%20Toolkit.pdf

Marr, Bernard: „Managing and Delivering Performance. How government, public sector and not-for-profit organizations can measure and manage what really matters", Oxford 2009

Meyer, Wolfgang Dr.: „Indikatorenentwicklung: Eine praxisorientierte Einführung (2. Auflage)", Centrum für Evaluation, CEval Arbeitspapiere, 10, Saarbrücken 2004

Migros-Kulturprozent und Schweizer Kulturstiftung Pro Helvetia: „Evaluieren in der Kultur – Warum, was, wann und wie? – Ein Leitfaden für die Evaluation von kulturellen Projekten, Programmen, Strategien und Institutionen", unter: http://www.migros-kulturprozent.ch/Media/Medien/Leitfaden_Evaluieren_d.pdf

Milway Smith, Katie / Saxton, Amy: „The Challenge of Organizational Learning", in: Stanford Social Innovation Review, Summer 2011, http://www.ssireview.org/articles/entry/the_challenge_of_organizational_learning

Mulgan, Geoff: „In and out of Sync. The challenge of growing Social Innovations", Nesta Research Report, September 2007

New Philanthropy Capital: „Principles of Good Impact Reporting for Charities and Social Enterprises", London 2012, unter: http://www.thinknpc.org/publications/the-principles-of-good-impact-reporting-2/

New Philanthropy Capital: „Talking about Results", NPC perspectives, London 2010, unter: http://www.thinknpc.org/publications/talking-about-results/

OECD Entwicklungsausschuss: „Glossar entwicklungspolitischer Schlüsselbegriffe aus den Bereichen Evaluierung und ergebnisorientiertes Management", Paris 2009

PHINEO: „Transparenz von gemeinnützigen Organisationen", Positionspapier, Berlin 2011

Preskill, Hallie / Jones, Natalie: „A Practical Guide for Engaging Stakeholders in Developing Evaluation Questions", (Robert Wood Johnson Evaluation Series), Princeton 2009, unter: http://www.rwjf.org/content/dam/web-assets/2009/01/a-practical-guide-for-engaging-stakeholders-in-developing-evalua

Probst, G. / Raub, S. / Romhardt, K.: „Wissen managen. Wie Unternehmen ihre wertvollste Ressource optimal nutzen", 6. Auflage, Genf 2010

Reade, Nicolà: „Konzept für alltagstaugliche Wirkungsevaluierungen in Anlehnung an Rigorous Impact Evaluation", Saarbrücken 2008, unter: http://www.ceval.de/typo3/fileadmin/user_upload/PDFs/workpaper14_01.pdf

Rossi, Peter H./ Lipsey, Mark W./ Freeman, Howard E.: „Evaluation. A Systematic Approach", Seventh Edition, Thousand Oaks 2004

Schacter, Mark: Not a „Tool Kit" – Practitioner's Guide to Measuring the Performance of Public Programs, Ottawa 2002, unter: http://www.schacterconsulting.com/docs/toolkit.pdf

Schmidt, Stefan: „Regionale Bildungslandschaften wirkungsorientiert gestalten – Ein Leitfaden zur Qualitätsentwicklung", Gütersloh 2012

SECO (Hrsg.): „Handbuch Indikatorenbildung für die wirtschaftliche Zusammenarbeit mit Entwicklungs- und Transitionsländern", Zürich 2001, unter: www.seco-cooperation.admin.ch/

Shapiro, Janet: „Monitoring and Evaluation", CIVICUS Toolkits, Johannesburg 2001, unter: http://www.civicus.org/new/media/Monitoring%20and%20Evaluation.pdf

Shapiro, Janet: „Strategic Planning Toolkit", CIVICUS Toolkits, Johannesburg oJ, unter: http://www.civicus.org/new/media/Strategic%20Planning.pdf
Shapiro, Janet: "Overview of Planning",

CIVICUS Toolkits, Johannesburg oJ, unter: http://www.civicus.org/new/media/Overview%20of%20Planning.pdf

Smart Toolkit for Evaluating Information Projects, Products and Services, 2010, http://www.smarttoolkit.net/?q=toolkit
Stockmann, Reinhard: „Handbuch zur Evaluation: Eine praktische Handlungsanleitung", Sozialwissenschaftliche Evaluationsforschung, Münster 2007

Stockmann, Reinhard: „Evaluation und Qualitätsentwicklung. Eine Grundlage für wirkungsorientiertes Qualitätsmanagement", Sozialwissenschaftliche Evaluationsforschung Band 5, Münster 2006

The Social Enterprise Coalition: „The Social Franchising Manual", London 2011, unter: http://www.socialenterprise.org.uk/uploads/files/2011/11/social_franchising_manual.pdf

The Urban Institute: „Key Steps in Outcome Management", Series on Outcome Management For Nonprofit Organizations, Washington 2003, www.urban.org

The Urban Institute: „Finding Out what happened to Former Clients", Washington 2003, unter: http://www.urban.org/UploadedPDF/310815_former_clients.pdf

The Urban Institute: „Analyzing Outcome Information – Getting the most from Data", Washington 2004. unter: http://www.urban.org/UploadedPDF/310973_OutcomeInformation.pdf

The World Bank: „Ten Steps to a Results-Based Monitoring and Evaluation System", 2004, unter: http://www-wds.worldbank.org/servlet/WDSContentServer/WDSP/IB/2004/08/27/000160016_20040827154900/Rendered/PDF/296720PAPER0100steps.pdf

Torres, Rosalie T. / Preskill, Hallie / Piontek, Mary E.: „Evaluation Strategies for Communicating and Reporting. Enhancing Learning in Organizations", 2. Auflage. Thousand Oaks 2005

UNDP: „Handbook on Planning, Monitoring and Evaluation for Development Results", New York 2009, unter: http://web.undp.org/evaluation/handbook/

United Way of America: „Measuring Program Outcomes: A Practical Approach", Arlington 1996, unter: www.liveunited.org/Outcomes/Resources/MPO/

University of Wisconsin-Extension: „Enhancing Program Performance with Logic Models", Madison 2003. www.uwex.edu/ces/lmcourse/

University of Wisconsin-Extension: „Developing a logic model: Teaching and training guide", Madison 2008, unter: http://www.uwex.edu/ces/pdande/evaluation/pdf/lmguidecomplete.pdf

University of Wisconsin-Extension: „Building Capacity in Evaluation Outcomes – A Teaching and Facilitating Resource for Community-Based Programs and Organizations", Wisconsin 2008, unter: http://www.uwex.edu/ces/pdande/evaluation/bceo/pdf/bceoresource.pdf

VENRO: „Prüfen und Lernen. Praxisorientierte Handreichung zur Wirkungsbeobachtung und Evaluation", Bonn 2002, unter: http://www.venro.org/fileadmin/Publikationen/Einzelveroeffentlichungen/Evaluation_und_Wirkungsbeobachtung/pruefen_lernen.pdf

Welthungerhilfe: „Leitfaden Wirkungsorientierung in den Projekten und Programmen der Welthungerhilfe. Teil III: Instrumente und Methoden", Bonn 2008

Wilke, Helmut: „Systemisches Wissensmanagement", 2. Auflage, Stuttgart 2001

W.K. Kellogg Foundation: „Evaluation Handbook", Battle Creek 2004, unter: www.wkkf.org

ZEWO: „Wirkungsmessung in der Entwicklungszusammenarbeit. Zewo-Leitfaden für Projekte und Programme", unter http://impact.zewo.ch/de/wirkungsmessung

Hinweis:
Die Angaben im Literaturverzeichnis wurden während der Arbeit an dieser Publikation zusammengestellt. Viele der Quellen verweisen auf Internetseiten, deren Inhalte wir nicht selbst pflegen. Wir können dementsprechend keine Garantie dafür übernehmen, daß diese Links nach Drucklegung oder in der Zukunft noch verfügbar sind.

Links

- www.degeval.de
- www.evalguide.ethz.ch
- www.evaluation.lars-balzer.name
- http://evaluationtoolbox.net.au/
- www.eval-wiki.org/glossar/
  Eval-Wiki:_Glossar_der_Evaluation
- www.gesis.org/publikationen/gesis-how-to
- http://www.grafstat.de
- http://hostedsurvey.com/home.html
- http://info.zoomerang.com
- http://www.outcomesstar.org.uk/
- www.scalingwhatworks.org/
- http://www.social-reporting-standard.de/
- http://surveymonkey.com
- www.univation.org

GUTES NOCH BESSER TUN – DAFÜR SETZT SICH PHINEO EIN.

PHINEO ist ein gemeinnütziges Analyse- und Beratungshaus für wirkungsvolles gesellschaftliches Engagement. Ziel ist es, die Zivilgesellschaft zu stärken. Mit Wirkungsanalysen, einem kostenfreien Spendensiegel, Publikationen, Workshops und Beratung unterstützt PHINEO gemeinnützige Organisationen und InvestorInnen wie Stiftungen oder Unternehmen dabei, sich noch erfolgreicher zu engagieren. www.phineo.org

PHINEO IST EIN BÜNDNIS STARKER PARTNER

Hauptgesellschafter

Gesellschafter

Ideelle Gesellschafter

Strategische Partner

- CSI – Centrum für soziale Investitionen und Innovationen
- Deutscher Spendenrat
- Stiftung Charité

Förderer

- Warth & Klein Grant Thornton AG Wirtschaftsprüfungsgesellschaft

ISBN 978-3-00-043516-4

Die Schritte der wirkungsorientierten Steuerung: Wirkungsorientierung im Steuerungskreislauf

mehr auf → S. 6

AUF EINEN BLICK

TEIL 3 – WIRKUNG VERBESSERN

TEIL 1 – WIRKUNG PLANEN

- Über Wirkung berichten
- **1** Herausforderungen und Bedarfe verstehen
- **9** Lernen und anpassen
- **2** Wirkungsziele setzen
- **8**
- **3** Wirkungslogik erarbeiten
- **7** Daten auswerten und analysieren
- **4** Wirkungsanalyse vorbereiten
- **6** Daten erheben
- **5** Indikatoren entwickeln

TEIL 2 – WIRKUNG ANALYSIEREN

Vgl. Studie „Wirkungsorientierte Steuerung in Non-Profit-Organisationen – Wirkung und Transparenz schaffen", PHINEO gAG (2013 : 8)

Gesellschaft verändern: Das Modell der Wirkungstreppe

mehr auf → S. 5

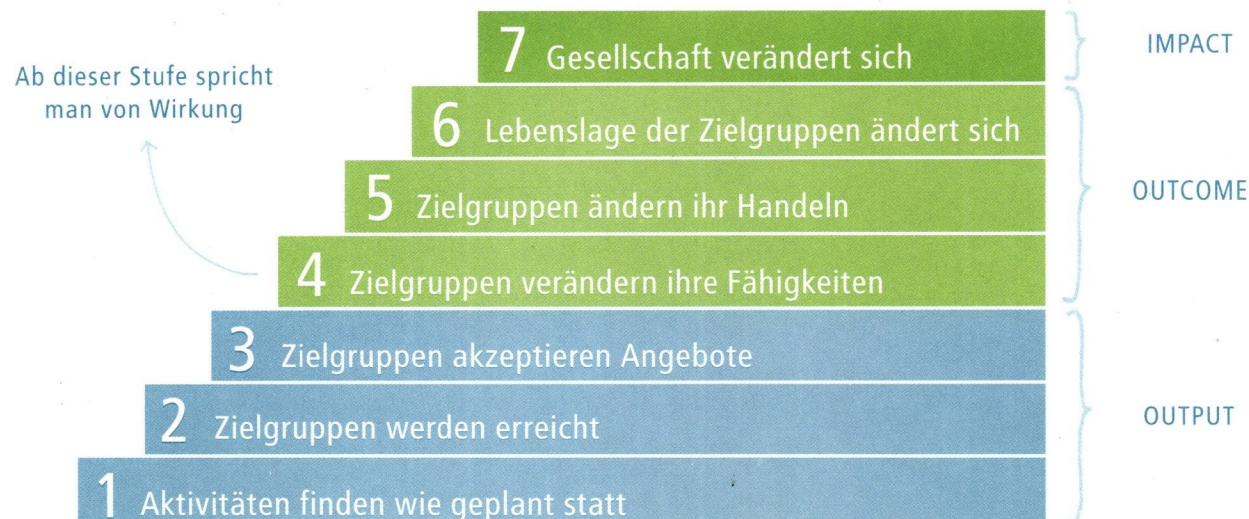

Ab dieser Stufe spricht man von Wirkung

7	Gesellschaft verändert sich	IMPACT
6	Lebenslage der Zielgruppen ändert sich	
5	Zielgruppen ändern ihr Handeln	OUTCOME
4	Zielgruppen verändern ihre Fähigkeiten	
3	Zielgruppen akzeptieren Angebote	
2	Zielgruppen werden erreicht	OUTPUT
1	Aktivitäten finden wie geplant statt	

Transparent berichten: Der Social Reporting Standard (SRS) – mehr auf → S. 112
oder *www.social-reporting-standard.de*

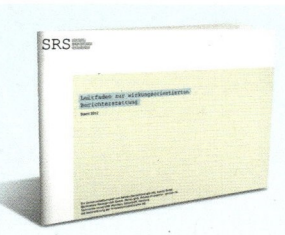

Volle Wirkung voraus!

Sie möchten mit Ihrer Arbeit etwas bewegen, etwas bewirken.
Wir unterstützen Sie dabei!

Wie? Indem wir Ihnen helfen, wirkungsorientiert zu handeln. Wie das funktioniert, erfahren Sie in diesem Kursbuch. Schritt für Schritt. Wir versprechen verblüffende Erkenntnisse und überraschende Einsichten, die von bemerkenswertem Nutzen für Ihre tägliche Arbeit sein werden. Garantiert!

Warum wir Sie unterstützen? Weil wir an die Kraft der Zivilgesellschaft glauben. Wir sind überzeugt, dass Organisationen, die wirkungsorientiert auf Ihre Ziele zusteuern, deutlich mehr für die Gesellschaft bewegen können. Und natürlich auch für sich selbst – denn in Zeiten knapper Kassen erwarten potenzielle Fördermittelgeber klare Wirkungsbelege. Was wirkt wie und warum? Wer hier überzeugende Argumente und Nachweise vorweisen kann, ist eindeutig im Vorteil.

Gemeinsam mit dem Bundesverband Deutscher Stiftungen unterstützt die Bertelsmann Stiftung mit dem Projekt Effekt[n] gemeinnützige Akteure dabei, die eigene Wirkung zu analysieren und zu vergrößern.
Da PHINEO dasselbe Ziel hat, haben wir unsere gesammelten Erkenntnisse in dieses Kursbuch geschrieben. Es liefert praktische Tipps für alle, die Gutes noch besser tun wollen.

Also: Leinen los – und volle Kraft voraus!

KOOPERATIONSPARTNER DIESER PUBLIKATION

Bertelsmann Stiftung

Die 1977 von Reinhard Mohn gegründete Bertelsmann Stiftung setzt sich für das Gemeinwohl ein. Sie fördert die Zivilgesellschaft und engagiert sich in den Bereichen Bildung, Wirtschaft und Soziales, Gesundheit sowie internationale Verständigung und fördert das friedliche Miteinander der Kulturen. Durch ihr gesellschaftliches Engagement will sie alle Bürger ermutigen, sich ebenfalls für das Gemeinwohl einzusetzen.

www.bertelsmann-stiftung.de

Impressum

3. Auflage, März 2015
© PHINEO gAG, Berlin

Autoren: Bettina Kurz, Doreen Kubek
Gestaltung & Illustrationen: Stefan Schultze

Kontakt
PHINEO gAG
Anna-Louisa-Karsch-Str. 2
10178 Berlin
Tel. +49.30.52 00 65 – 400
Fax +49.30.52 00 65 – 403
info@phineo.org
www.phineo.org

Für inhaltliche Fragen zu diesem Kursbuch stehen Ihnen gerne zur Verfügung:
Doreen Kubek, *Doreen.Kubek@phineo.org*
Bettina Kurz, *Bettina.Kurz@phineo.org*
Dr. Philipp Hoelscher,
Philipp.Hoelscher@phineo.org

Nutzung dieser Publikation:
Sie möchten die Publikation ganz oder teilweise nutzen? Bitte fragen Sie uns, wir antworten gern!

ISBN 978-3-00-043516-4

Verantwortung

FSC
www.fsc.org
RECYCLED
Papier aus
Recyclingmaterial
FSC® C013894

ClimatePartner °
klimaneutral

Druck | ID: 53160-1503-1010

Klimaneutraler Druck durch DBM Druckhaus Berlin Mitte GmbH auf Recyclingpapier

KURSBUCH WIRKUNG

DAS PRAXISHANDBUCH FÜR ALLE,
DIE GUTES NOCH BESSER TUN WOLLEN

Mit Schritt-
für-Schritt-
Anleitungen &
Beispielen

In Kooperation mit

| BertelsmannStiftung

PHINEO
damit Engagement wirkt

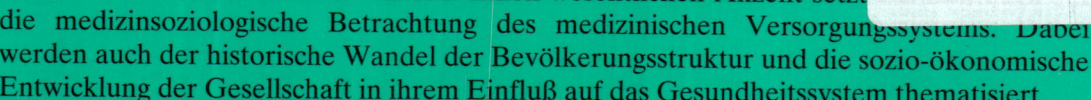

Das in zweiter Auflage aktuell überarbeitete Buch Medizinische Psychol sche Soziologie orientiert sich in Aufbau und Inhalt konsequent am Gege Medizinische Psychologie und Medizinische Soziologie.

Den Schwerpunkt des Buches bildet die Analyse der Arzt-Patient-B und Praxis, wobei gleichermaßen Reaktionen und Einstellungen der m und der Patienten beleuchtet werden. Einen wesentlichen Akzent setzt die medizinsoziologische Betrachtung des medizinischen Versorgungssystems. Dabei werden auch der historische Wandel der Bevölkerungsstruktur und die sozio-ökonomische Entwicklung der Gesellschaft in ihrem Einfluß auf das Gesundheitssystem thematisiert.

Neben einer Einführung in die wichtigsten psychologischen Forschungs- und Testmethoden werden grundlegende Aspekte der Psychophysiologie, der Emotions- und Motivationspsychologie, der Lerntheorien, der Persönlichkeits- und Entwicklungspsychologie in einzelnen Kapiteln dargestellt.

Trotz der strengen Bezugnahme auf den Gegenstandskatalog werden dem Studierenden auch neuere Forschungsarbeiten zugänglich gemacht, sofern sie für die Praxis bedeutsam sind. Dabei wird Interesse für das Fach geweckt und gefördert.

Aufgrund der zahlreichen Bezüge zwischen medizinischer, klinischer und ambulanter Versorgung und der vielen Beispiele bereitet das Buch nicht nur auf den schriftlichen Teil, sondern auch auf den mündlichen Teil der ärztlichen Vorprüfung vor. Es unterstützt auch die Praktika der Berufsfelderkundung und der Einführung in die klinische Medizin.

Dr. rer. biol. hum. Dipl.-Psych. Friedrich-Wilhelm Wilker
Klinischer Psychologe (BDP)

Studium der Psychologie an der Universität Münster. Klinische Tätigkeit im Bereich der Kinder- und Jugendpsychiatrie; wissenschaftliche Tätigkeit auf den Gebieten der Klinischen Psychologie und der Medizinischen Psychologie. Wissenschaftlicher Mitarbeiter in der Abteilung für Medizinische Psychologie und Medizinische Soziologie der Universität Mainz.

Leiter der Deutschen Psychologen-Akademie, Bonn.

PD Dr. rer. biol. hum. Dipl.-Psych. Claus Bischoff
Psychologischer Verhaltenstherapeut und Supervisor für Verhaltenstherapie

Studium der Psychologie an den Universitäten Mannheim und Heidelberg. Wissenschaftliche Tätigkeit in den Bereichen Medizinische und Klinische Psychologie. Klinische Tätigkeit in der stationären und ambulanten Verhaltenstherapie und Verhaltensmedizin. Privatdozent für Medizinische Psychologie an der Universität Ulm.

Leitender Psychologe an der Psychosomatischen Fachklinik Bad Dürkheim.

Prof. Dr. med. Dr. phil. Peter Novak
Medizinsoziologe

Studium der Medizin, Philosophie, Psychologie und Soziologie an der Universität Heidelberg. Lehr- und Forschungstätigkeiten in den Gebieten der Medizinischen Soziologie und Grenzgebieten der Philosophie.

Leiter der Abteilung Medizinische Soziologie der Medizinischen Fakultät an der Universität Ulm.

Gedruckt auf chlorfrei gebleichtem Papier

ISBN 3-541-12492-X ***